HISTOIRE NATURELLE

DE LA

FRANCE

25ᵉ PARTIE

MINÉRALOGIE

AVEC 18 PLANCHES EN COULEURS ET 119 FIGURES DANS LE TEXTE

PAR

PAUL GAUBERT

Dᵣ ès sciences

Attaché au Muséum d'Histoire naturelle.

PARIS

MAISON ÉMILE DEYROLLE

LES FILS D'ÉMILE DEYROLLE, ÉDITEURS

46, RUE DU BAC

HISTOIRE NATURELLE

DE LA

FRANCE

———

25ᵉ PARTIE

MINÉRALOGIE

HISTOIRE NATURELLE

DE LA

FRANCE

25ᵉ PARTIE

MINÉRALOGIE

AVEC 18 PLANCHES EN COULEURS ET 119 FIGURES DANS LE TEXTE

PAR

PAUL GAUBERT

Dʳ ès sciences
Attaché au Muséum d'Histoire naturelle.

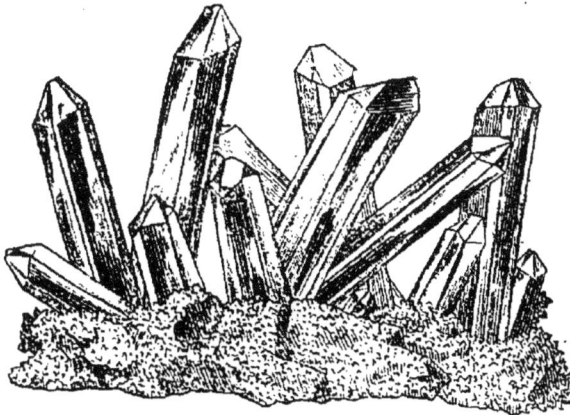

PARIS

MAISON ÉMILE DEYROLLE

LES FILS D'ÉMILE DEYROLLE, Éditeurs

46, RUE DU BAC

INTRODUCTION

On donne le nom de *minéral* à toute substance ayant une composition chimique et des propriétés physiques bien déterminées et produite sans l'intervention des êtres vivants. Les *roches*, qui sont de grandes masses constituant l'écorce terrestre, sont formées par l'association des minéraux.

La substance formant un minéral est homogène, et chaque partie, si petite qu'elle soit, jouit des propriétés de la masse entière, à moins que la division soit poussée jusqu'à la décomposition de la matière en atomes. Ceux-ci sont tellement petits qu'ils échappent à nos sens et ne peuvent être caractérisés que par certaines propriétés physiques qui sont constantes. Les atomes, en se groupant, forment la *molécule*, dont les propriétés sont différentes de celles de l'atome, mais qui sont celles du corps tout entier, et, dans le cas qui nous occupe, celles du minéral. La division mécanique conduit toujours à des fragments qui sont formés par un grand nombre de molécules, si faibles que soient les dimensions des premiers.

Les molécules peuvent prendre plusieurs dispositions les unes par rapport aux autres : 1° Ne présenter aucun arrangement, et alors le corps est amorphe ; 2° se disposer régulièrement de façon que le minéral soit limité par des faces planes ; on dit alors qu'il est cristallisé. Mais la même substance chimique peut présenter des formes différentes extérieurement, et à chacune d'elles correspondent des propriétés physiques particulières. Cela tient à ce que les molécules se sont groupées d'une manière différente, ou encore à ce que les atomes présentent un arrangement différent dans la molécule.

Un corps qui se solidifie rapidement passe à l'état amorphe ou bien est formé par de très petits cristaux invisibles à l'œil nu, de sorte que la cristallisation ne paraît pas exister. Si le changement d'état est lent, le corps est alors en cristaux bien distincts. Souvent une substance précipitée à l'état amorphe devient cristalline avec le temps, et ce changement se produit avec dégagement de chaleur. L'état cristallin représente la forme stable de la matière.

Dans cet ouvrage les minéraux des gisements français seuls seront décrits. Mais comme l'écorce terrestre a à peu près partout la même composition, si l'on considère, bien entendu, une assez grande surface, en étudiant les minéraux constituant le sol français, on fait l'étude de presque tous les minéraux les plus importants.

L'ouvrage s'adressant aux personnes qui veulent être initiées aux études minéralogiques et qui veulent connaître les minéraux français, l'étude des propriétés générales des minéraux a été faite d'une façon élémentaire. La description des espèces ne comprend que les données relatives aux caractères extérieurs et les essais au chalumeau permettant de déterminer les minéraux. Les propriétés optiques et cristallographiques ont été, à dessein, laissées de côté. Les personnes qui voudraient pousser plus loin leurs études et s'occuper tout spécialement de recherches de science pure concernant les minéraux de la France, devront avoir recours au savant ouvrage du professeur de minéralogie du Muséum de Paris, M. A. Lacroix.

P. G.

NOTE DES ÉDITEURS

Tous les traités de minéralogie sont généralement dépourvus de figures en couleurs des minéraux ; cela s'explique par la difficulté considérable qu'il y a de représenter la coloration si variée des minéraux, coloration qui varie non seulement avec l'échantillon, mais aussi avec l'angle d'incidence que font les rayons lumineux, arrivant à l'observateur, avec les faces du cristal. Cependant, malgré ces variations dans la coloration, dans la transparence, la forme, etc., un minéral a généralement un facies spécial. C'est pourquoi nous avons entrepris de représenter en couleurs le plus grand nombre de types des minéraux français.

Nous ne nous sommes pas dissimulé cette difficulté d'exécution ; mais, après de nombreux essais, nous sommes arrivés à un résultat inespéré, ce dont les lecteurs pourront facilement se rendre compte à la comparaison des échantillons naturels. Nous avons, du reste, été bien secondés dans cette tentative par les dessinateurs, MM. Migneaux et Bidault.

MINÉRALOGIE DE LA FRANCE

PREMIÈRE PARTIE

PROPRIÉTÉS GÉNÉRALES DES MINÉRAUX

CHAPITRE PREMIER

PROPRIÉTÉS GÉOMÉTRIQUES

(Cristallographie).

SYSTÈMES CRISTALLINS

Les cristaux que l'on rencontre dans la nature sont des polyèdres convexes terminés par des faces planes ; lorsque l'on trouve des minéraux cristallisés présentant des angles rentrants, il est facile de voir que l'on est en présence de groupements de cristaux.

Les formes, en apparence si différentes des cristaux, soit naturels, soit artificiels, peuvent se ramener à 6 types bien distincts constituant la base d'un système cristallin dont toutes les formes peuvent se déduire

géométriquement les unes des autres, l'une d'elles étant
prise pour type.

L'on peut imaginer la combinaison de deux formes
simples ou le passage de l'une à l'autre au moyen de
plans appliqués sur les angles dièdres ou sur les arêtes
de l'une d'elles, ou bien au moyen de plans coupant ces
arêtes ou ces angles.

Dans un cristal donné, la longueur des arêtes formées
par la réunion des faces peut varier à l'infini, mais les
angles plans et les angles dièdres qu'elles forment entre
elles restent toujours constants.

La forme type de laquelle on fait dériver toutes les
autres s'appelle *forme primitive;* les autres sont les
formes dérivées.

Les polyèdres constituant la base des six systèmes
cristallins sont les suivants :

Cube (fig. 1),

Prisme hexagonal droit (fig. 2),

Prisme droit à base carrée (fig. 3),

Prisme droit à base rhombe (fig. 4),

Prisme oblique à base rhombe ou monoclinique
(fig. 5),

Prisme oblique à base parallélogramme ou bioblique
ou triclinique (fig. 6).

Nous avons dit que l'on pouvait passer d'une forme
primitive à une forme dérivee au moyen de plans coupant les arêtes ou les angles de la forme primitive.

Ces modifications sont soumises à la loi suivante : « Les
longueurs interceptées par une face sur les trois arêtes,
supposées prolongées, de l'élément qu'elle doit modifier,
sont proportionnelles à des nombres entiers. » L'obser-

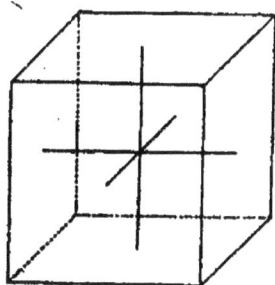

Fig. 1. — Cube.

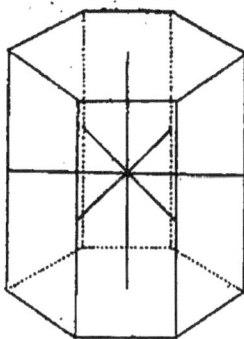

Fig. 2. — Prisme hexagonal droit.

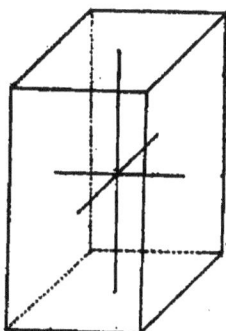

Fig. 3. — Prisme droit
à base carrée.

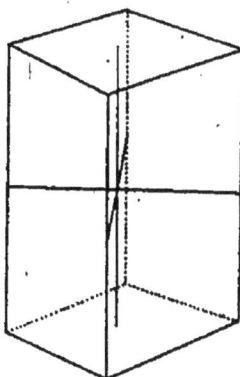

Fig. 4. — Prisme droit à
base rhombe.

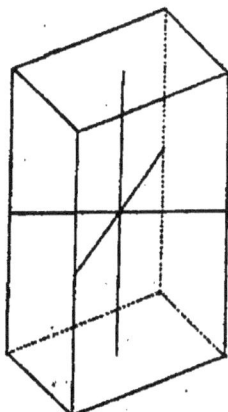

Fig. 5. — Prisme oblique à
base rhombe.

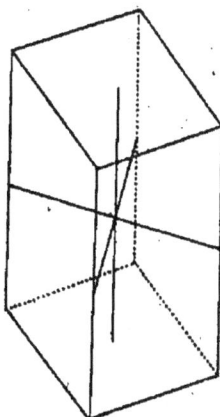

Fig. 6. — Prisme oblique
à base parallélogramme
ou bioblique.

vation fait voir, en outre, que ces nombres entiers sont toujours simples.

Ces modifications sont au nombre de 4 :

1° Troncatures,

2° Biseaux,

3° Pointements triples,

4° Pointements sextuples.

Troncature. — Un plan tranche une arête ou un angle qui se trouve ainsi l'un ou l'autre remplacé par une face (fig. 8 et 17).

Biseau. — Deux troncatures sont placées symétriquement de part et d'autre d'un angle ou d'une arête : l'angle formé ainsi par les deux nouvelles faces est plus obtus que celui qu'elles remplacent (fig. 15).

Pointements triples. — Trois troncatures placées symétriquement sur chacune des arêtes d'un angle donnent naissance à un pointement triple (fig. 10 et 12).

Pointements sextuples. — Si l'on suppose chacune des trois arêtes de l'angle modifiée, remplacée par un biseau, l'on est conduit au pointement sextuple (fig. 14).

Si l'on prolonge ces modifications jusqu'à ce qu'elles se coupent entre elles, l'on voit que le solide primitif disparaît : l'on obtient ainsi les formes dérivées.

Un angle peut être modifié par des troncatures, des biseaux, des pointements triples ou sextuples : les arêtes par des troncatures et des biseaux seulement.

On appelle : *Axes cristallographiques* les droites joignant les centres de 2 faces opposées (fig. 1, 2, 3, 4, 5, 6).

Faces de même espèce, les faces placées à l'extrémité d'axes égaux.

Angles de même espèce, les angles dièdres dont les angles solides sont égaux et qui sont placés symétriquement par rapport aux axes cristallographiques.

Arêtes de même espèce, celles qui séparent les faces de même espèce et sont situées symétriquement par rapport aux axes cristallographiques.

Loi de symétrie. — La loi fondamentale de la cristallographie est due à Haüy :

« *Lorsqu'un élément, angle ou arête, de la forme primitive est modifié d'une façon quelconque, tous les éléments de la même espèce seront modifiés de la même manière.* »

Modifications sur les angles. — Il y a 3 cas à considérer.

1° 3 arêtes de même espèce aboutissent à un même angle.

Les modifications sur cet angle peuvent être : *Troncature* (fig. 8), *pointement triple* (fig. 10 et 12) ou *sextuple* (fig. 14).

2° 2 arêtes de même espèce et 1 d'une espèce différente aboutissent au même angle : *Troncature* (fig. 37) ou *biseau sur l'arête d'une seule espèce.*

3° Les 3 arêtes sont d'espèce différente : *Troncature seulement*.

Modifications sur les arêtes. — Deux cas se présentent :

1° Les deux faces de la forme primitive séparées par l'arête modifiée sont de même espèce. *Biseau* ou *troncature*.

2° Elles sont d'espèces différentes. *Troncature*.

Nous avons vu qu'en vertu de la loi de symétrie, lorsqu'un angle ou une arête est modifié, tous les angles ou arêtes de même espèce devaient l'être et de la même façon : les cristaux ainsi modifiés sont appelés *holoèdres*.

Mais il n'en est pas toujours ainsi : dans quelques cristaux, il manque la moitié des faces dérivées ; ces cristaux sont appelés *hémièdres*.

Cette infraction à la loi de symétrie n'est qu'apparente : car il arrive ce fait que, dans les substances hémièdres, certains éléments que nous considérons comme physiquement égaux, ne le sont pas réellement.

Il y a deux sortes d'hémiédries :

1° *Hémièdrie à faces inclinées*. — La moitié seulement des éléments diagonalement opposés est modifiée : la forme dérivée ainsi produite n'a plus de faces parallèles.

2° Tous les éléments de la forme primitive diagonalement opposés sont modifiés à la fois ; mais chacun d'eux ne porte que la moitié des faces modifiantes exigées par la symétrie. Il peut se présenter deux cas :

a) *Hémièdrie à faces parallèles*. — Les faces de troncature sont parallèles.

b) *Hémièdrie plagièdre*. — Les faces de troncature, conservées sur un élément, sont parallèles aux faces supprimées sur l'élément diagonalement opposé.

Ceci posé, il va être facile de comprendre les diverses formes dérivées qu'est susceptible de présenter chacun des systèmes cristallins.

SYSTÈME CUBIQUE

Forme primitive.

Cube (fig. 1 et 7).

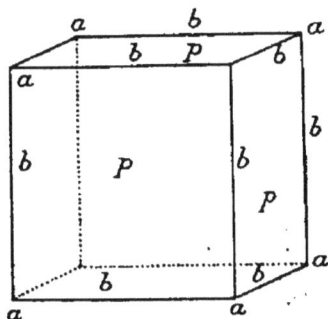

Fig. 7.

Le cube est un solide possédant :

6 faces de même espèce que nous appellerons..... p
8 angles de même espèce que nous appellerons.... a
12 arêtes de même espèce que nous appellerons.... b
3 axes cristallographiques égaux (fig. 1).

Formes holoèdriques.

MODIFICATIONS SUR LES ANGLES. — Les angles a étant de même espèce et formés par trois arêtes égales, ils pourront présenter :

1° *Troncature*. — La forme ainsi obtenue est le *cubo-octaèdre* (fig. 8).

Si l'on prolonge les 8 troncatures ainsi obtenues jusqu'à ce qu'elles se coupent, on obtiendra ainsi un solide formé par 8 faces (triangles équilatéraux). C'est l'*Octaèdre* (fig. 9).

2° *Pointement triple*. — La figure 10 montre les arêtes du cube modifiées par un pointement triple : c'est le cube *triépointé*.

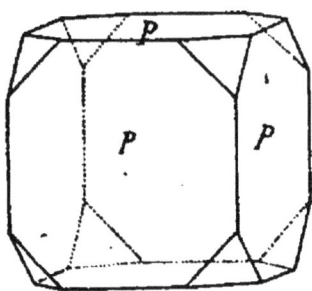

Fig. 8.

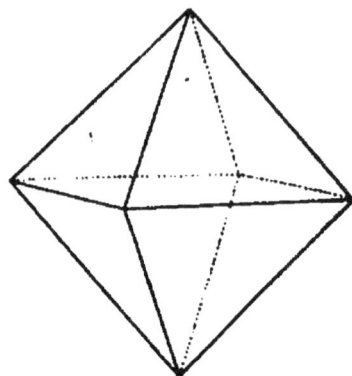

Fig. 9.

Le solide formé par le prolongement de ces modifications est le *trapézoèdre* ou *icositétraèdre* : il possède 24 faces qui sont égales (fig. 11).

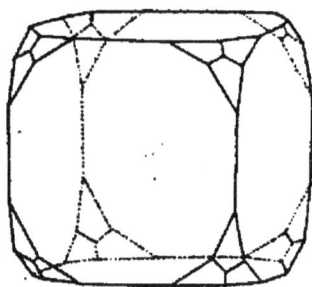

Fig. 10.

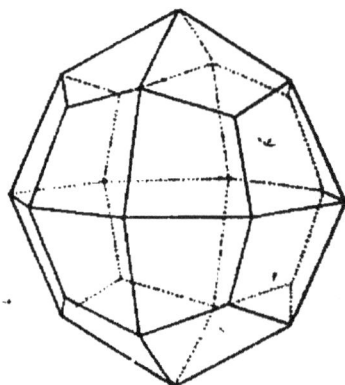

Fig. 11.

Un pointement triple d'une autre espèce donne un autre cube triépointé (fig. 12).

Le solide ainsi formé est compris dans 24 triangles

isocèles : c'est le *triakisoctaèdre* ou *octaèdre pyramidé* (fig. 13).

3° *Pointement sextuple*. — Le pointement sextuple sur

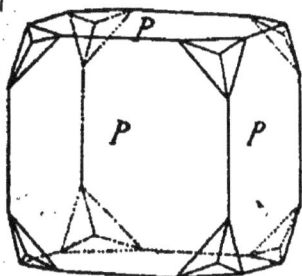

Fig. 12.

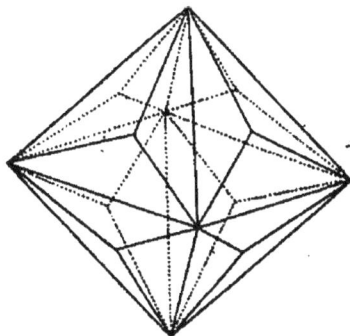

Fig. 13.

les angles du cube est représenté figure 14. Les faces **du** pointement prolongé donnent naissance à un solide

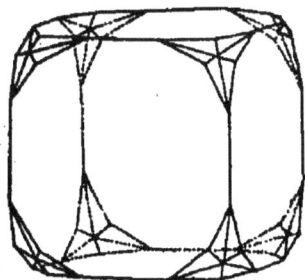

Fig. 14.

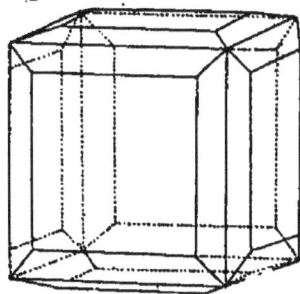

Fig. 15.

à $8 \times 6 = 48$ faces, c'est l'*hexakisoctaèdre* ou *hexoctaèdre*.

MODIFICATIONS SUR LES ARÊTES. *Troncature*. — On obtient le cubododécaèdre; si les faces sont suffisamment prolongées, on a le dodécaèdre : solides à 12 faces, qui sont des losanges.

Biseau. — On obtient le *cube biselé* (fig. 15). Si l'on prolonge les faces jusqu'à ce qu'elles se coupent, l'on obtient un solide à 17 × 2 faces (triangles isocèles égaux) le cube pyramidé ou hexatétraèdres

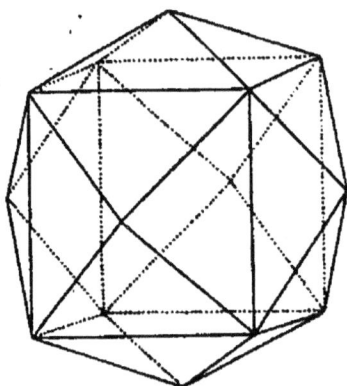

Fig. 16.

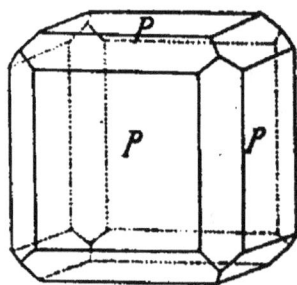

Fig. 17.

Ces diverses formes peuvent être combinées entre elles et donner des cristaux plus ou moins riches en faces.

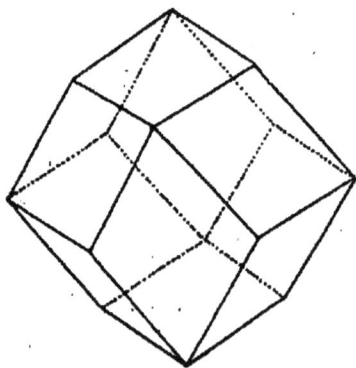

Fig. 18.

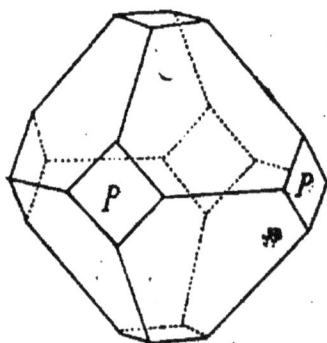

Fig. 19.

Les figures 19, 20, 21 et 22 montrent les combinaisons avec l'octaèdre des diverses formes qui viennent d'être passées en revue.

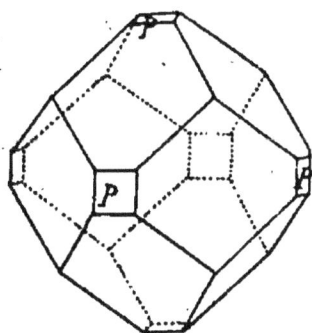

Fig. 20.

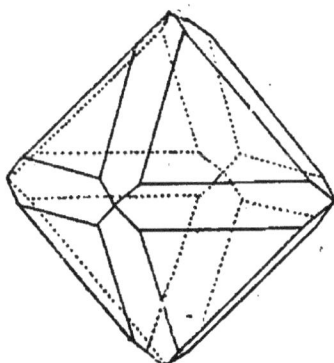

Fig. 21.

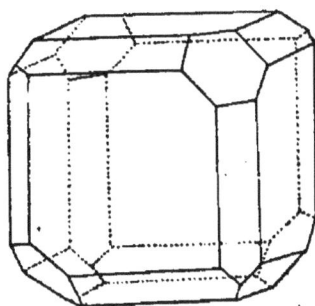

Fig. 22.

Formes hémièdriques.

On observe dans le système cubique l'*hémièdrie à faces inclinées* et l'*hémièdrie à faces parallèles*.

Hémièdrie à faces inclinées. — Supposons que la moitié des angles *a*, diagonalement opposés du cube (fig. 22 et 23), soit modifiée par la troncature de l'octaèdre. Si nous prolongeons les 4 facettes ainsi obtenues jusqu'à leur rencontre, nous obtiendrons un solide formé de 4 triangles isocèles. C'est le tétraèdre régulier (fig. 24). Il y en a deux (fig. 24) qui ne se distinguent l'un de l'autre que lorsque les faces ont des propriétés différentes.

Si nous opérons de la même façon pour le pointement triple (fig. 26), donnant naissance au trapézoèdre, nous aurons le *tétraèdre pyramidé* ou hémi-trapézoèdre;

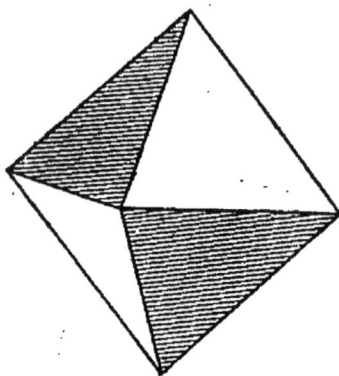

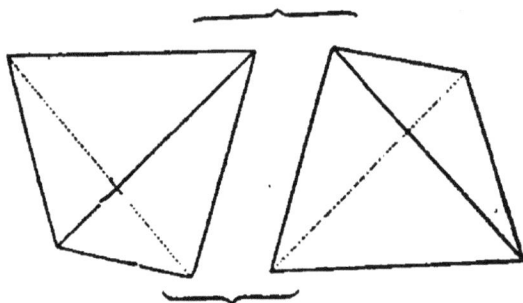

Fig. 23.   Fig. 24.

avec le pointement triple conduisant au triakisoctaèdre. nous aurons le *dodécaèdre trapézoïdal.*

De même pour le pointement sextuple, la forme hémiédrique sera un hémihexoctaèdre.

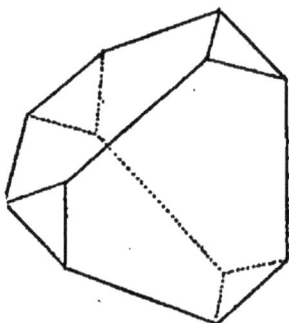

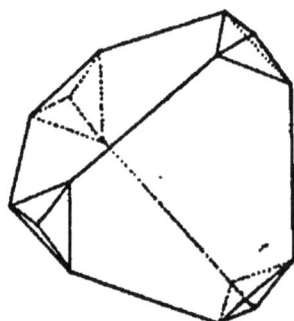

Fig. 25.   Fig. 26.

On voit aussi que, si l'on part du tétraèdre, on obtient par pointement triple sur ses angles le *tétraèdre pyramidé* (fig. 26) et le *dodécaèdre trapézoïdal*, par pointement sextuple l'hémihexoctaèdre.

Hémiédrie à faces parallèles. — Il y a lieu de considérer deux cas suivant que l'hémiédrie a lieu sur les
faces modifiant les angles ou les arêtes.

Sur les arêtes. — Prenons un cube modifié sur
les arêtes par un biseau : supprimons la moitié des
faces de la figure 15 provenant de
ce biseau, et prolongeons ensuite celles qui restent jusqu'à
ce qu'elles se coupent : le solide
ainsi obtenu sera le *dodécaèdre
pentagonal* (fig. 27).

Sur les angles. — Soit un cube
dont les arêtes sont modifiées
par un pointement sextuple : on

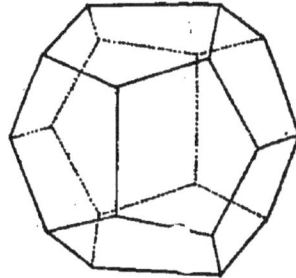

Fig. 27.

obtient ainsi un hexoctaèdre. Supprimons la moitié
des faces et prolongeons les faces subsistantes
jusqu'à leur rencontre; nous aurons ainsi un solide
à 48 : 2 = 24 faces qui est le *diakisdodécaèdre* ou *dodé-
cadièdre*. Il ressemble beaucoup au trapèzoèdre.

Le tableau suivant résume les principales formes ho-
loédriques du système cubique avec les formes hémiédriques en regard.

FORMES HOLOÉDRIQUES	FORMES HÉMIÉDRIQUES	
Cube.	»	
Octaèdre.	Tétraèdre régulier.....	
Trapèzoèdre.	Tétraèdre pyramidé....	Hémiédrie
Triakisoctaèdre (octaèdre		à
pyramidé).	Dodécaèdre trapézoïdal.	faces inclinées
Hexoctaèdre.	Hémihexoctaèdre......	
Hexakisoctaèdre.	Dodécadièdre.........	Hémiédrie
Dodécaèdre rhomboïdal.	»	à
Cube pyramidé (hexaté-		faces parallèles
traèdre).	Dodécaèdre pentagonal.	

SYSTÈME HEXAGONAL

La forme primitive est représentée par un prisme droit à base hexagonale (fig. 28 et fig. 2).

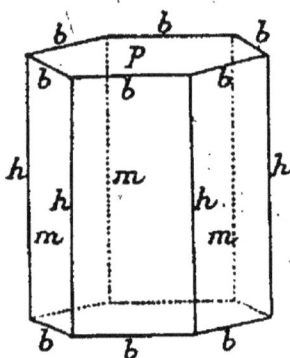

Fig. 28.

Le prisme hexagonal a :

2 faces hexagonales basiques .... *p*
6 faces rectangulaires verticales .... *m*
12 angles .... *a*
12 arêtes de la base............................. *b*
6 arêtes verticales .... *h*
1 axe vertical principal.
3 axes égaux situés dans le plan horizontal et formant entre eux des angles de 60° (fig. 2).

Formes holoédriques.

MODIFICATIONS SUR LES ANGLES. — 1° La troncature sur les angles donne un prisme terminé à ses deux extrémités par une pyramide à 6 faces, lorsque la troncature est poussée assez loin (fig. 29 et 30).

2° Un biseau oblique donne deux facettes sur chaque angle, et par conséquent 12 faces à chaque extrémité. Le solide définitif est le didodécaèdre.

MODIFICATIONS SUR LES ARÊTES. — Une facette de troncature sur les arêtes *b* conduit au dihexaèdre (fig. 31).

Une troncature sur les arêtes *h* donne un solide à 12 faces latérales ; si la troncature est poussée plus loin, les faces du solide primitif disparaissent.

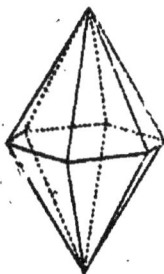 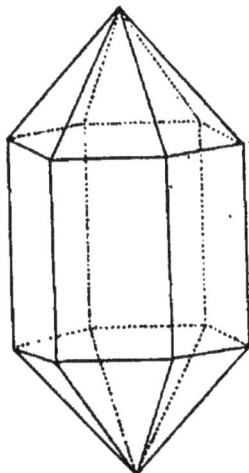 

Fig. 29. Fig. 30. Fig. 31.

Un biseau sur les arêtes *h* conduit à un prisme à 12 faces appelé prisme dodécagonal symétrique.

Formes hémiédriques.

Lorsque les modifications sur les angles *a* n'ont lieu que sur la moitié des angles du prisme hexagonal, et en alternant, le solide auquel on arrive est le rhomboèdre (fig. 32).

Souvent on considère le système rhomboédrique comme formant un système indépendant du système hexagonal, bien que toutes les formes dérivant du rhomboèdre dérivent par hémiédrie de ce dernier système.

SYSTÈME RHOMBOÉDRIQUE

La forme primitive est un rhomboèdre (fig. 32).
On a :

6 faces égales qui sont 6 rhombes égaux......... p

12 arêtes { 6 venant aboutir à l'extrémité de l'axe principal........................ b
6 latérales........................ d

8 angles { 2 culminants....................... a
6 latéraux........................ e

1 axe vertical principal.
3 axes horizontaux.

MODIFICATIONS SUR LES ANGLES. — *La troncature* sur l'angle a donne au cristal une base et dans quelques cas,

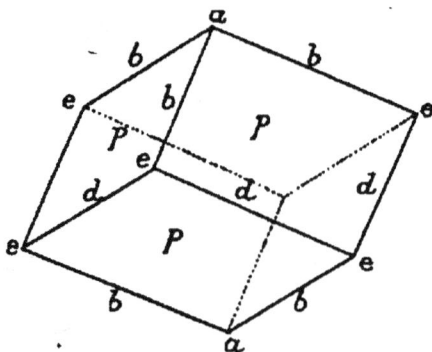

Fig. 32.

cas, combinée avec la troncature des arêtes latérales d ou des angles e, conduit au prisme hexagonal basé. Un pointement sur a donne un rhomboèdre beaucoup plus plat.

La troncature des angles e donne un prisme hexagonal, les modifications sur les angles latéraux donnent aussi le scalénoèdre (fig. 33). Le scalénoèdre est limité par 12 faces égales et ayant la forme d'un triangle scalène.

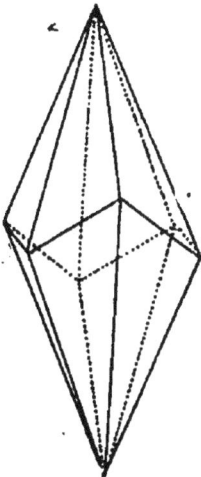

Fig. 33.

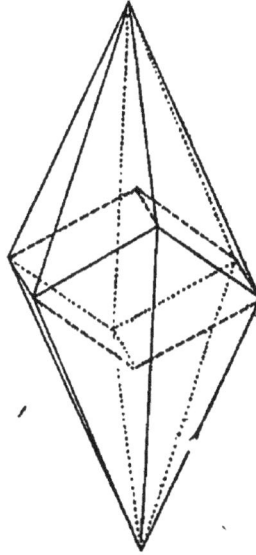

Fig. 34.

Les divers rhomboèdres et scalénoèdres que l'on obtient sont plus ou moins aplatis. Le rhomboèdre est dit *aigu* ou *obtus* suivant que l'axe principal est plus long ou plus court que les axes secondaires.

MODIFICATIONS SUR LES ARÊTES. — Une troncature sur les arêtes *b* donne un rhomboèdre, sur les arêtes *d* un prisme hexagonal. Un biseau sur ces dernières donne un scalénoèdre.

Le même cristal peut porter les différentes formes.

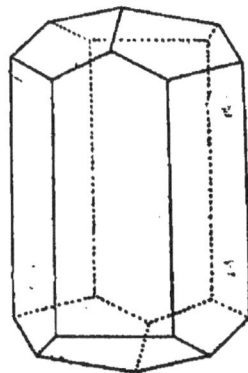

Fig. 35.

Hémimorphisme. — Dans la tourmaline, les modifications ne portent qu'à une extrémité de l'axe vertical.

SYSTÈME DU PRISME DROIT A BASE CARRÉE

La forme primitive est le prisme droit à base carrée (fig. 3 et 36) :

On voit que ce solide possède :

6 faces { 2 bases...................... .... *p*
         { 4 faces latérales..................... *m*

8 angles.. *a*

12 arêtes { 8 arêtes basiques.................. *b*
          { 4 arêtes des pans.................. *h*

1 axe vertical perpendiculaire au plan des deux autres horizontaux et égaux (fig. 3).

MODIFICATIONS SUR LES ANGLES *a*. — Les arêtes formant les angles *a* étant de deux espèces différentes, ces

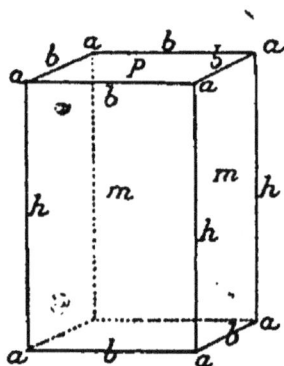

Fig. 36.

angles ne peuvent être modifiés que par des troncatures ou des biseaux.

Troncature. — En opérant comme nous l'avons fait pour le cube, nous arrivons à un prisme pyramidé (fig. 37) et si la troncature est poussée plus loin, à un *octaèdre à base carrée*.

Biseau. — Opérons ici encore comme nous l'avons

fait pour le cube : les angles *a* seront remplacés par un
biseau (fig. 40), les 4 couples de faces ainsi produites
aux deux extrémités du cristal suffisamment prolongées

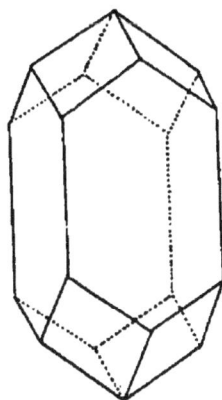

Fig. 37.

donneront naissance à un solide à 16 faces, le *dioclaèdre*.

MODIFICATIONS SUR LES ARÊTES. — On peut obtenir

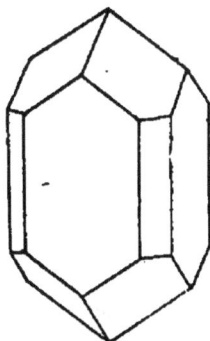

Fig. 38.

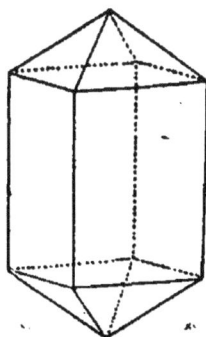

Fig. 39.

des troncatures et des biseaux : 1° sur les arêtes des
bases, 2° sur les arêtes latérales.

MODIFICATIONS SUR LES ARÊTES *b*. — Les arêtes ne
peuvent être modifiées que par une troncature, qui

donne finalement naissance à un prisme pyramidé (fig. 39).

MODIFICATIONS SUR LES ARÊTES LATÉRALES *h*. —

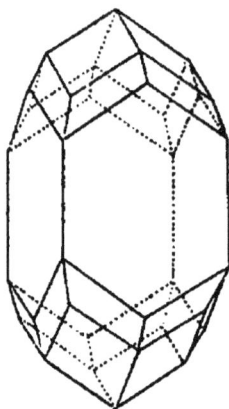 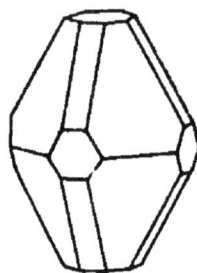

Fig. 40.   Fig. 41.

Troncature. — Une troncature modifiant chacune des arètes latérales conduit à un prisme carré iden-

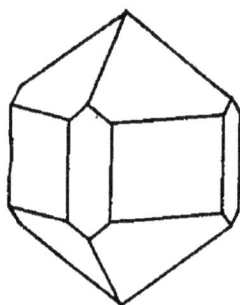 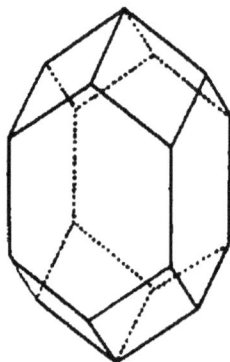

Fig. 42.   Fig. 43.

tique à celui qui est pris pour forme primitive (fig. 38 et 42).

Biseau. — Un biseau sur chacune de ces arètes donne naissance à un *prisme octogonal* non régulier.

Formes hémièdriques.

Si les modifications devant conduire à un octaèdre se réduisent à quatre, l'on obtient un solide hémiédrique ressemblant au tétraèdre. C'est un tétraèdre irrégulier qui porte le nom de *sphénoèdre*.

Si quatre seulement des angles diagonalement opposés sont modifiés par un biseau, l'on est conduit à un *sphénoèdre biselé*.

Ces sphénoèdres sont rares dans la nature; on les trouve dans la chalcopyrite.

SYSTÈME DU PRISME RHOMBOIDAL DROIT OU ORTHORHOMBIQUE

La forme primitive est un prisme droit à base rhombe (fig. 4 et 44).

Le tableau suivant montre quels sont les éléments de ce prisme.

6 faces {	2 bases	p
	4 faces latérales	m
8 angles {	4 angles situés à l'extrémité des arêtes latérales obtuses	a
	4 angles situés à l'extrémité des arêtes latérales aiguës.	e
12 arêtes {	8 arêtes basiques	b
	4 arêtes latérales { 2 obtuses...................	h
	2 aiguës....................	g

3 axes cristallographiques inégaux et perpendiculaires entre eux (fig. 4).

On place le cristal de façon que le petit axe se trouve placé dans le sens antéro-postérieur (angle obtus en avant).

Dans les descriptions des minéraux cristallisant dans le système orthorhombique, l'on convient de toujours

placer l'arête obtuse *h*, en avant de la figure devant
l'observateur.

La droite *ee* qui joint les deux angles *e* est appelée
grande diagonale de la base ; la ligne *aa*, petite diagonale
de la base.

MODIFICATIONS SUR LES ANGLES *a*. — On peut avoir :
1° une troncature, 2° un biseau.

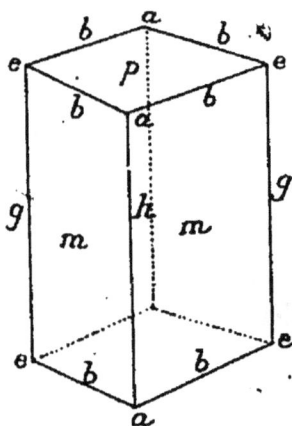
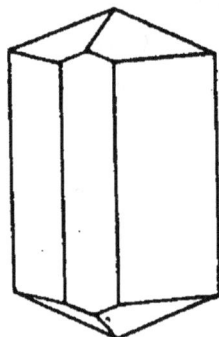

Fig. 44.   Fig. 45.

Troncature. — La troncature des 4 angles *a* donne un
solide prismatique qui n'est pas fermé et que l'on
appelle un dôme : ses faces sont parallèles à la grande
diagonale de la base.

Biseau. — Ce biseau donne naissance à un solide à
huit faces qui est un *octaèdre à base rhombe.*

MODIFICATIONS SUR LES ANGLES *e*. — Il est facile de
voir que les troncatures sur les angles *e* donneront
naissance, comme sur les angles *a*, à un dôme : ses faces
seront parallèles à la petite diagonale de la base ; les
biseaux feront naître également un *octaèdre à base rhombe.*

MODIFICATIONS SUR LES ARÊTES. — **Arêtes basiques** *b*.

— Troncature. — Une troncature sur les arêtes basiques (fig. 45) conduit finalement à un *octaèdre à base rhombe.*

Arêtes latérales *h.* — *Troncature.* — La troncature des arêtes *h* donne naissance à deux faces parallèles qui transforment la forme primitive en prisme hexagonal irrégulier (fig. 45).

Biseau. — Le biseau conduit à un nouveau prisme à base rhombe.

Arêtes latérales *g.* — Les modifications pouvant atteindre les arêtes *g* sont les mêmes que celles qui viennent d'être passées en revue pour les arêtes *h.*

Formes hémiédriques.

L'octaèdre à base rhombe peut présenter l'hémiédrie tétraédrique comme ceux des deux systèmes précédents. Les tétraèdres ainsi produits portent le nom de *sphénoïdes,* ils n'ont été signalés à l'état de combinaison que dans un certain nombre de substances : sulfate de magnésie, sulfate de zinc.

Hémimorphisme.—Dans quelques minéraux (calamine, topaze) il arrive parfois que les modifications produites soit sur les angles, soit sur les arêtes, ne se rencontrent qu'à une seule extrémité du cristal : on obtient ainsi des hémidômes, des hémipyramides rhombiques.

Les cristaux présentant cette dissymétrie sont dits *hémimorphes.*

Nous verrons plus loin que cette particularité accompagne des phénomènes physiques particuliers.

Quelques auteurs prennent, pour forme primitive de ce système, non plus le prisme rhomboïdal droit, mais un prisme à base rectangle inscrit dans le premier : on obtient cette forme par la troncature des arêtes *h* et *g* du prisme rhomboïdal droit, il est donc facile de passer de l'un à l'autre.

Les trois systèmes que nous venons de passer en revue possèdent trois axes rectangulaires.

Le cube...................... 3 axes rectangulaires égaux.
Le prisme droit à base carrée... 3 axes rectangulaires, dont 2 égaux et 1 inégal.
Le prisme droit à base rhombe. 3 axes rectangulaires inégaux.

Il nous reste à étudier les trois derniers systèmes qui possèdent des axes obliques.

SYSTÈME MONOCLINIQUE

La forme primitive est un prisme oblique à base losangique. Le cristal est toujours placé de façon que l'inclinaison ait lieu d'avant en arrière (fig. 5 et 46).

Les éléments du prisme sont :

6 faces { 2 terminales obliques.......................... *p*
         4 latérales rhombiques....................... *m*

12 arêtes { 8 arêtes des bases de deux sortes { 4 arêtes aiguës.. *b*
                                               4 arêtes obtuses. *d*
            4 arêtes latérales { 2 placées à droite et à gauche du plan de symétrie........ *g*
                                 2 dans le plan de symétrie, une en avant, l'autre en arrière.. *h*

8 angles { 4 angles à l'extrémité de la diagonale horizontale... *e*
           2 angles *a* { à l'extrémité de la diagonale oblique.
           2 angles *o* {

L'axe principal est oblique sur le plan des deux autres, qui sont perpendiculaires (fig. 5).

MODIFICATIONS SUR LES ANGLES. — La modification sur les angles par suite d'une troncature simple n'est jamais poussée très loin. Elle est très fréquente sur les angles *a*.

Les modifications sur les angles *e* et *o* sont aussi très fréquentes.

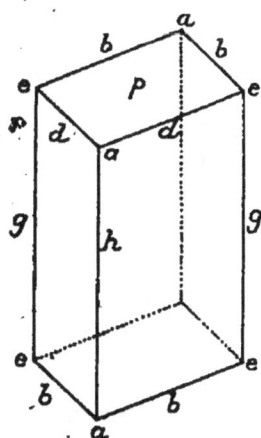
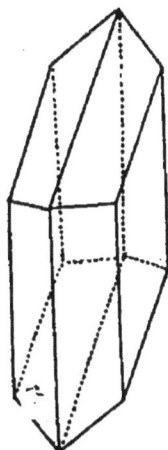
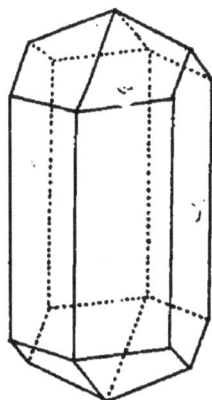

Fig. 46. Fig. 47. Fig. 47 *bis*.

MODIFICATIONS SUR LES ARÊTES. — Elles se présentent presque toujours sur les arêtes *g* et *h* et souvent sur *b* et *d* (fig. 47).

SYSTÈME TRICLINIQUE

La forme primitive est un prisme oblique à base de parallélogramme obliquangle, 3 axes inégaux et obliques, les uns par rapport aux autres (fig. 48).

On pourrait prendre pour axe principal un axe quelconque ; mais on prend celui suivant lequel les cristaux se sont allongés ou raccourcis, ou bien suivant lesquels ils sont implantés dans la roche où on les trouve.

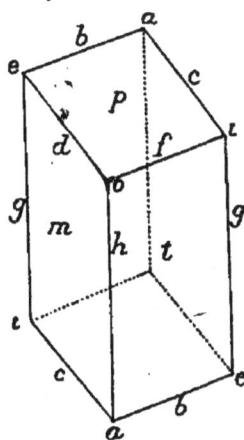

Fig. 48.

Les faces, les arêtes et les angles sont les suivants :

6 faces
- 2 bases .... p
- 2 faces latérales .... m
- 2 faces latérales l

12 arêtes
- 4 latérales de 2 espèces
  - 2 arêtes .... g
  - 2 arêtes .... h
- 2 terminales de 4 espèces
  - 2 arêtes .... b
  - 2 arêtes c
  - 2 arêtes .. d
  - 2 arêtes .... f

8 angles
- de 4 espèces
  - 2 angles............. a
  - 2 angles............. e
  - 2 angles............. i
  - 2 angles............. o

Les 3 axes sont obliques les uns par rapport aux autres (fig. 6).

On voit d'après le tableau précédent que toutes les faces sont différentes et qu'il en est de même de toutes les arêtes et de tous les angles. Il existe un centre de symétrie, mais le plan de symétrie manque.

Les modifications ne portant généralement que sur une partie des éléments, il est facile de le reconnaître à première vue.

GROUPEMENTS CRISTALLINS, MACLES

Les cristaux peuvent être soudés ensemble, et n'avoir aucune relation entre eux quant à la direction des axes, un cristal s'étant formé après, ou en même temps que ceux qui l'entourent. Ce sont alors des amas de cristaux. Mais souvent ceux-ci se groupent d'après des lois déterminées. Dans ce cas le groupement est mis tout de suite en évidence par la présence d'angles rentrants. On a désigné ce mode d'association fixe sous le nom de *macles*.

Généralement l'accolement a lieu suivant un plan qui est une face commune aux deux cristaux. Cette face a presque toujours une notation simple.

Voici la description des macles les plus simples et les plus communes.

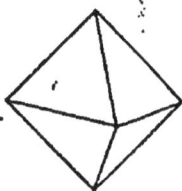

Fig. 49.

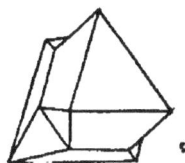

Fig. 50.

Macle des spinelles. — Les spinelles sont octaédriques. La moitié de l'octaèdre tourne de 90° autour de l'axe joignant les faces opposées de l'octaèdre. On a ainsi

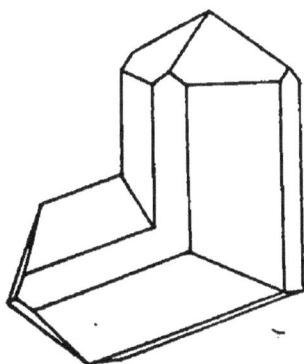

Fig. 51.

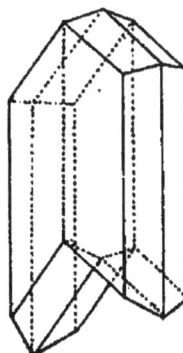

Fig. 52.

3 angles rentrants (fig. 50). Cette macle est très fréquente dans les cristaux du système cubique.

Macle de la cassitérite. — Le plan d'association des deux cristaux se fait parallèlement à la face produite par une troncature sur l'arête de base *b* (fig. 51) ou parallèlement à une troncature sur a (pl. X).

Macle du scalénoèdre. — La moitié du scalénoèdre tourne de 60° autour de l'axe vertical (pl. V).

Macle du gypse, du pyroxène, etc. — Une moitié du cristal tourne de 180° autour de l'axe perpendiculaire à la face produite par troncature sur h. On a un angle rentrant à la partie inférieure (fig. 52).

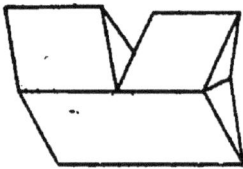

D'autres macles seront décrites dans le cours de cet ouvrage.

Une macle excessivement curieuse peut être produite artificiellement sur le calcite. On prend un rhomboèdre de clivage, et avec un couteau on exerce une pression sur l'arête b,

Fig. 53

l'effort étant produit vers le sommet.

Les molécules prennent une orientation nouvelle, comme le montre la figure. Cette macle intéressante se produit aussi sur les cristaux d'azotate de soude.

IRRÉGULARITÉ DES CRISTAUX. — STRIES. — FIGURES DE CORROSION

Les cristaux ne se présentent pas dans la nature avec la perfection qui semble exister d'après ce qui vient d'être dit.

Dans le système cubique, par exemple, les faces peuvent être inégalement développées, à tel point qu'au premier abord le cristal ne rappelle en rien un cube ou un de ses dérivés. Ainsi un octaèdre peut se présenter sous une forme aplatie ou allongée.

Les cristaux de quartz peuvent se montrer sous les

aspects des figures 54, 55, 56. Mais ce qui est absolument constant, c'est la valeur des angles, valeur qui permet toujours de reconnaître le système du cristal ; aussi ces derniers doivent-ils toujours être mesurés.

En outre, les faces, au lieu d'être planes peuvent être convexes, creuses, striées ; la pyrite dite triglyphe se

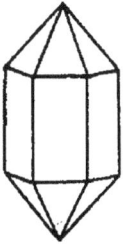 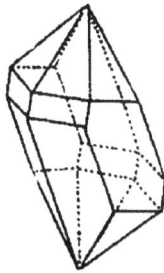 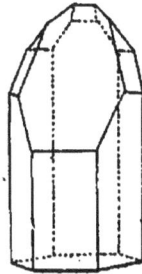

Fig. 54. Fig. 55. Fig. 56.

présente en cubes dont les faces présentent des stries perpendiculaires entre elles.

Fréquemment on observe sur les faces des cristaux des cavités polyédriques.

On provoque aussi leur formation en attaquant par un agent liquide ou gazeux un cristal dont les faces sont primitivement planes.

Ces figures, qu'on désigne sous le nom de *figures de corrosion*, sont d'une grande utilité pour l'étude des propriétés cristallographiques de la substance. Elles varient avec la nature de la face et avec la nature du fluide corrosif. J'ai montré qu'on devait les considérer comme formées par les faces de plusieurs cristaux.

En effet, les faces d'un cristal ne sont pas homogènes ; il y a des points qui sont attaqués les premiers. Chaque partie du cristal limitant la cavité tend à se terminer, lorsque la dissolution est lente, par une face cristallographique correspondant à la substance. On constate en effet que la cavité peut avoir pour parois des faces qui coupent celle qui est corrodée. D'avance on peut construire les figures de corrosion sur chaque espèce de faces quand on connaît celles qui peuvent exister dans la dissolution.

ISOMORPHISME. — POLYMORPHISME

L'*isomorphisme* est la propriété qu'ont les corps de composition analogue, et possédant des formes identiques ou très peu différentes, de pouvoir cristalliser ensemble en toutes proportions. Ainsi la dolomie, la diallogite et la sidérose cristallisant en rhomboèdres ayant respectivement des angles de 106°,15', 106°,31', 107° sont isomorphes.

Plusieurs substances peuvent cristalliser dans deux ou plus de deux systèmes différents ; on dit qu'elles sont *polymorphes*. Le carbonate de chaux (CaO, CO^2) peut être rhomboédrique (calcite) ou orthorhombique (aragonite).

Le sulfure de fer FeS^2 est cubique (Pyrite jaune) ou bien appartient au système du prisme droit à base carrée (Marcasite ou pyrite blanche), etc.

La même substance peut présenter deux formes différentes, bien qu'appartenant au même système. Dans ce cas les rapports des axes cristallographiques sont diffé-

rents. L'oxyde de titane (Ti O^2) en fournit un exemple.
Il cristallise dans deux formes différentes, qui sont toutes
les deux un prisme droit à base carrée. Mais dans le
rutile, qui est une de ces formes, l'axe vertical est plus
long par rapport à l'axe horizontal que dans l'anatase,
qui est la deuxième forme. En outre, l'oxyde de titane se
présente sous la forme orthorhombique : on a alors la
brookite. Ce corps nous offre donc un exemple de *tri-
morphisme*.

Ceux qui cristallisent dans deux formes différentes
sont *dimorphes*.

Le soufre offre cinq formes : une rhomboédrique,
une rhombique et trois monocliniques.

Quand un corps est polymorphe, la forme qui a la
plus grande densité est la plus stable et en même temps
la plus dure. Il suffit du reste de calculer son *volume
moléculaire* qui est le quotient du poids atomique du
corps par la densité, pour voir tout de suite que plus le
nombre est petit, plus celui-ci est stable pour une forme
donnée d'un corps polymorphe.

Mesure des angles des cristaux.

Les angles étant caractéristiques d'une espèce, il est
indispensable de les évaluer très exactement. Pour
mesurer les angles dièdres, on se sert d'appareils désigné sous le nom de goniomètres.

Ces appareils sont de deux sortes:

1° Les goniomètres d'application,

2° Les goniomètres par réflexion.

Le goniomètre par application ou de Garangeot se

compose : 1° de deux lames d'acier (fig. 57) mobiles autour d'un axe, glissant l'une sur l'autre au moyen

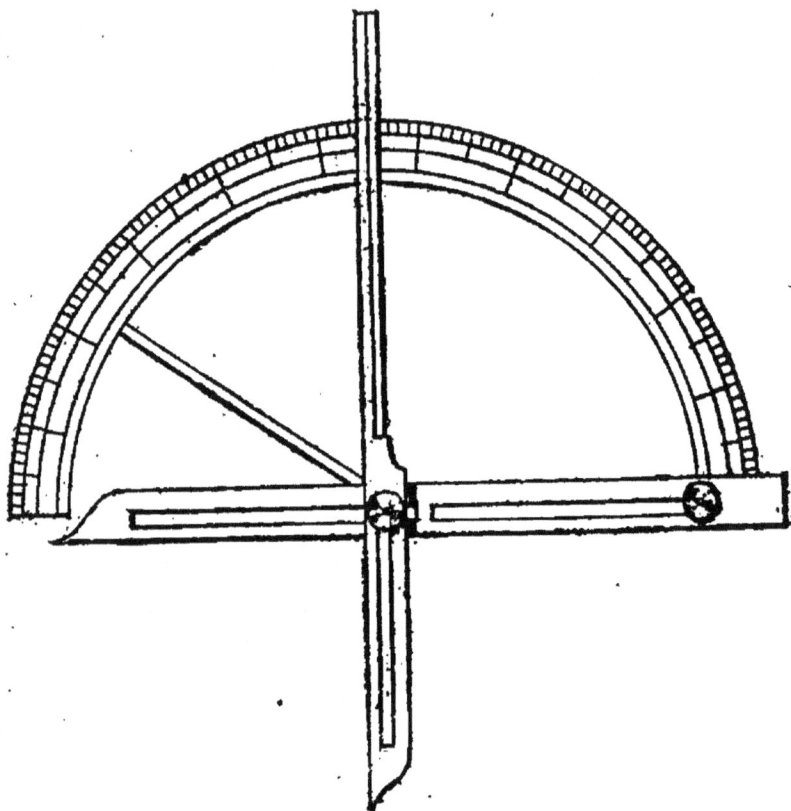

Fig. 57.

de rainures pour allonger ou raccourcir les portions qui servent à mesurer les angles, 2° d'un rapporteur en cuivre divisé en 180°, qui sert à évaluer l'angle mesuré.

CHAPITRE II

PROPRIÉTÉS PHYSIQUES

Les minéraux offrent des caractères, comme la couleur, l'éclat, la dureté, etc., qu'on peut évaluer sans l'aide d'aucun instrument; d'autres, comme la densité, peuvent être déterminés approximativement : on distinguera sans aucune mesure un minerai métallique d'une pierre.

Les propriétés optiques sont aujourd'hui d'une très grande importance pour la détermination des espèces minérales; mais on peut cependant s'en passer jusqu'à. un certain point; comme leur étude demande des connaissances très complètes en optique et physique, elles seront laissées de côté, d'autant plus que, pour les utiliser, il faut se servir d'appareils coûteux. En outre, elles ne sont indispensables que pour la détermination des minéraux microscopiques.

CARACTÈRES EXTÉRIEURS

Les caractères extérieurs pouvant être appréciés sans l'aide d'aucun appareil sont :

1° État d'agrégation,
2° Transparence,
3° Éclat,
4° Couleur,

3

5° Structure,

6° Cassure,

7° Clivage,

8° Dureté,

9° Onctuosité,

10° Saveur.

ÉTAT D'AGRÉGATION. — Les minéraux sont généralement à l'état solide; cependant il en existe de liquides, comme le mercure, l'asphalte, le pétrole, et même de gazeux, comme l'acide carbonique, etc.

Les minéraux solides présentent des caractères d'agrégation très divers. Ils peuvent être durs et compacts, poreux, friables et pulvérulents. Le même minéral peut se présenter sous ces divers états. Quand il est cristallisé, il possède toujours les mêmes propriétés, mais de l'état d'agrégation résultent cependant de légères différences dans ces dernières. Cet état d'agrégation porte aussi le nom de structure.

La *structure* résulte de la disposition des parties qui composent la masse d'un minéral. On distingue : la *structure lamellaire* ou *écailleuse* due à l'agrégation de cristaux présentant leurs faces de clivage dans le même sens : Mica, Chalcophyllite, Chlorite (pl. II et pl. VII).

La *structure est saccharoïde* lorsque les éléments sont plus petits.

Elle est *grenue* quand les cristaux sont encore plus petits et qu'ils se séparent facilement, de telle façon que le minéral peut être réduit facilement en poussière.

La structure est dite *bacillaire* quand la masse est formée de cristaux plus ou moins allongés, ayant peu d'adhérence entre eux ; elle est *aciculaire* quand les cristaux sont de la dimension d'une aiguille ; elle est *fibreuse* quand les cristaux sont très allongés, mais ayant un faible diamètre, comme dans l'amiante et l'asbeste (pl. VIII).

La structure est *compacte* quand, à l'œil nu, on n'aperçoit qu'une masse homogène.

La structure *terreuse* provient de ce que le minéral est formé par des particules non cristallisées, qui n'ont pas contracté une adhérence très complète. Le minéral se divise en morceaux d'inégale grosseur, et généralement il est altéré.

La *structure globulaire* provient de ce que le minéral s'est formé par dépôts successifs et compacts autour d'un point central. Quand les grains sont de la dimension d'un pois, elle prend le nom de structure *pisolithique*, et celui de structure *oolithique* quand les grains sont de la dimension d'un œuf de poisson.

TRANSPARENCE. — La lumière traverse les minéraux en plus ou moins grande quantité ; aussi il y a-t-il plusieurs mots pour distinguer ces quantités de lumière qui traversent un corps. Un minéral est *transparent* quand on peut voir un objet au travers de ce corps, demi-transparent lorsque l'objet examiné est vu d'une manière confuse, translucide lorsqu'on ne peut distinguer aucun objet, et opaque lorsque le corps ne laisse passer aucun rayon lumineux.

Le même minéral, suivant son degré de pureté, peut se présenter sous tous ces états. Un minéral pur est généralement transparent à moins qu'une grande quantité de lumière ne soit réfléchie à sa surface, comme cela a lieu pour le mercure et la plupart des minéraux métalliques.

Un corps opaque peut être translucide lorsqu'il a une très faible épaisseur, il est translucide sur les bords quand ceux-ci sont d'une très faible épaisseur.

ÉCLAT. — L'éclat est dû aux rayons réfléchis à la surface des minéraux, il dépend donc de l'état de la surface.

Il existe plusieurs sortes d'éclat :

1° L'éclat *métallique*, qui est dû surtout à la réflexion totale de la lumière, est caractéristique des métaux et de plusieurs de leurs composés (galène, pl. XV).

2° L'éclat *métalloïde* se trouve chez beaucoup de minéraux pierreux et chez les minéraux carburés (combustibles, graphite, etc., pl. XIII).

3° L'éclat *vitreux* s'observe chez les minéraux de faible pouvoir réfringent ; comme l'indique le nom, le verre ordinaire possède cet éclat.

4° L'éclat *adamantin* est intermédiaire entre les deux précédents et est dû à la réfringence considérable des substances.

5° L'éclat *gras* a l'apparence d'une surface frottée avec de l'huile.

6° L'éclat *résineux* est celui que présentent les résines (succin, pl. V).

7° L'éclat *nacré* s'observe sur des faces de clivage (céruse, dolomie).

8° L'éclat *soyeux* résulte d'une texture composée de fibres droites, serrées et d'égale grosseur.

COULEUR. — La couleur est un caractère très important dans la détermination des minéraux, bien que le même minéral puisse en présenter plusieurs. Dans les descriptions on divise les minéraux en deux groupes : les couleurs métalliques (blanc d'étain, blanc d'argent, gris de plomb, gris d'acier, noir de fer, jaune pâle, jaune d'or, jaune de laiton, jaune de bronze, rouge de cuivre, etc.), et les couleurs non métalliques (blanc, gris, noir, violet, bleu, rouge, vert, brun et tous les mélanges de ces couleurs).

Ces couleurs sont propres à la substance, et alors elle est la même dans tous les minéraux de la même espèce, ou bien elle est accidentelle, c'est-à-dire qu'elle est due à un corps étranger, et alors elle varie avec les échantillons et même dans le même cristal (quartz, fluorine, corindon).

La couleur de la poussière est souvent différente de celle du minéral examiné en masse, et elle sert de caractère pour beaucoup de minéraux métalliques ; pour l'observer on raie avec le minéral des disques de porcelaine non recouverts de vernis. La couleur de la poussière est plus fixe que celle de la masse dont l'état d'agrégation peut être très différent, ce qui change entièrement la couleur.

La coloration peut présenter des aspects particuliers, comme l'*irisation*, le *chatoiement*. L'*irisation* est due à l'altération de la surface par suite de la formation de pellicules très minces ou de petites fentes. Il se produit alors certains phénomènes optiques donnant naissance à un grand nombre de couleurs (limonite, pl. XVIII). Le *chatoiement* se produit lorsque le minéral change de couleur suivant l'incidence des rayons réfléchis.

Le *polychroïsme* est la propriété que possèdent les minéraux transparents d'avoir des couleurs différentes, suivant la direction dans laquelle les traversent les rayons lumineux. (Ex. tourmaline, cordiérite.)

Le polychroïsme ne s'observe que dans les minéraux cristallisés n'appartenant pas au système cubique.

CASSURE. — La cassure permet de reconnaître la structure interne des minéraux, et elle n'est en effet qu'une conséquence de cette dernière.

Les minéraux qui ont une structure fibreuse, lamellaire, etc., auront une cassure fibreuse, lamellaire.

Les minéraux qui ont une structure compacte ont une cassure *plane* ou *unie*, ou une cassure *conchoïde*. Dans ce cas, une des surfaces de séparation offre une cavité plus ou moins conique dans laquelle s'engage exactement l'autre partie, qui présente un relief correspondant. Un minéral compact, très dur, peut aussi donner par le choc des esquilles, la cassure est *esquilleuse*.

CLIVAGE. — La calcite, la galène, etc., se divisent très facilement, sous le choc du marteau, en rhomboèdres ou en cubes. Ces corps se partagent suivant des plans de séparation *ou de clivage* qui sont toujours les mêmes et qui conduisent à une forme simple. Le clivage est une propriété très utile en minéralogie. Dans le système cubique le clivage parallèle à la face du cube est le plus fréquent; il se produit dans le sel gemme, la fluorine, etc. Dans la blende, le clivage se fait suivant une face parallèle au dodécaèdre rhomboïdal. Dans la fluorine c'est parallèlement à la face de l'octaèdre qu'il a lieu.

Dans les autres systèmes on a des clivages suivant les

faces *p*, *m* et *t* et suivant des plans parallèles à des troncatures sur *g* et *h*, etc. Ils sont inégalement faciles lorsqu'on en trouve plusieurs sur la même substance, puisque les faces ne sont pas identiques.

DURETÉ. — Les corps offrent plus ou moins de résistance à l'action par une pointe d'acier ou par l'arête d'un autre corps.

Cette résistance plus ou moins grande constitue une propriété qu'on nomme la dureté.

La dureté a une grande importance dans la détermination des minéraux : car elle permet immédiatement d'éliminer un certain nombre de substances avec lesquelles l'échantillon qu'on a à déterminer présente de la ressemblance; aussi Mohs a-t-il introduit une certaine précision dans l'appréciation de ce caractère en rapportant toutes les duretés à 10 types bien choisis qui sont les suivants :

1 Talc,	6 Orthose,
2 Gypse,	7 Quartz,
3 Calcite,	8 Topaze,
4 Fluorine,	9 Corindon,
5 Apatite,	10 Diamant.

La dureté va en augmentant à partir du numéro 1 jusqu'au numéro 10, représenté par le diamant, qui raie tous les autres corps (1).

Un corps de l'échelle de Mohs raie le corps qui le précède et est rayé par celui qui le suit. Quand on dit que la dureté est 5, cela veut dire que sa dureté est celle de l'apatite. Pour indiquer que la dureté d'un corps est intermédiaire entre celle de la fluorine et celle de l'apatite on écrit 4,5.

(1) Le ruthénium a une dureté égale à celle du diamant.

Les deux premiers se raient à l'ongle, les quatre suivants sont rayés par une pointe d'acier et les quatre derniers raient le verre et résistent à l'acier.

Pour évaluer la dureté, en se servant de l'échelle de Mohs, on essaye de rayer le corps par chacun des minéraux en commençant par le plus tendre.

Quand on arrive au minéral qui le raie, si c'est par exemple un quartz, on dira que sa dureté est comprise entre 6 et 7 ou entre celle de l'orthose et du quartz.

Il faut essayer sur une face du corps qui raie l'arête du corps rayé et faire par conséquent une épreuve inverse.

Variation de la dureté. — Pour évaluer la dureté, il faut se servir des échantillons cristallisés; les substances à l'état terreux ou amorphe possèdent une dureté plus faible; aussi souvent cette dernière ne donne aucune indication. Quelquefois, lorsque la substance est concrétionnée, elle est plus dure que lorsqu'elle est cristallisée. Généralement les angles et les arêtes d'un cristal sont plus dures que les faces, et la dureté sur ces dernières est variable suivant les différentes faces cristallographiques et sur la même face elle est aussi différente. Elle varie aussi suivant la direction suivant laquelle on raie la face.

Il est utile d'avoir une pointe de burin qui permet d'évaluer à peu près la dureté d'un corps.

Les substances dures font feu au briquet, et Werner se servait de ce caractère pour évaluer la dureté. Les substances faisant feu au briquet sont celles qui ont une dureté au moins égale à 7.

Les minéraux font sur une substance plus dure

qu'eux une raie qui montre la couleur de la poussière, et comme la couleur de cette dernière est d'une certaine utilité dans la détermination de certains minéraux, on se sert de disques en porcelaine blanche, sur lesquels on frotte le minéral à essayer. L'oligiste donne une raie rouge, la limonite une raie jaune, etc.

On peut avoir une idée de la dureté d'un minéral, sa densité et sa composition étant connues. Les corps ayant une formule identique sont d'autant plus durs que le volume moléculaire est plus petit. Le volume moléculaire est le quotient du poids atomique par sa densité. Ainsi le quartz, le zircon, la cassitérite, le rutile ont presque la même dureté, leurs volumes atomiques étant voisins.

ONCTUOSITÉ. — Certains minéraux sont onctueux au toucher, et comme ce caractère n'est pas très fréquent, il permet de les distinguer.

SAVEUR. — Il existe dans la nature quelques minéraux solubles dans l'eau et qui, par conséquent, ont une saveur.

Le sel gemme a une saveur *salée*, le borax une saveur *douce*, le nitre une saveur *fraîche*, l'epsomite une saveur *amère*, le salmiac une saveur *piquante*, l'alun une saveur *astringente*, le natron une saveur *caustique*.

Des minéraux, bien qu'insolubles dans l'eau, ont un caractère organoleptique, le *happement* à la langue, l'absorption de l'humidité.

Les minéraux ont encore d'autres caractères; mais il est inutile de les définir, étant suffisamment connus; ce sont :

La *ténacité*, la *fragilité*, la *friabilité*, la *flexibilité*, la *ductilité*, la *malléabilité*.

DENSITÉ. — Tout le monde a remarqué que les corps à volume égal ont un poids différent. L'or pèse plus que l'argent, l'argent pèse plus que l'aluminium, celui-ci plus que le bois; aussi le poids du même volume de ces diverses substances permet-il de les distinguer immédiatement. Les physiciens ont évalué le rapport du poids d'un volume déterminé de substance à celui du même volume d'eau pris à la température constante. Ce rapport est ce qu'on appelle la densité ou le poids spécifique d'un corps.

Pour déterminer la densité d'un corps on emploie diverses méthodes qui sont décrites dans les traités de physique; je ne décrirai ici que celle qui est basée sur l'emploi des liqueurs denses.

On se sert de la balance de Westphal et de deux liquides de très grande densité : l'iodure de méthylène et le tungsto-borate de cadmium. Dernièrement on a proposé l'azotate d'argent et de thallium, qui a une densité plus élevée que les deux autres, elle est de 4,5 à 5,5. Le mélange de deux parties égales d'azotate fond à 75°.

L'iodure de méthylène a une densité de 3,35. Tous les minéraux ayant une densité plus grande tombent au fond du liquide. Ex : le grenat, l'idocrase, le zircon, le corindon, la topaze. Ceux qui ont une densité moindre restent à la surface. En ajoutant de l'éther absolu, on obtient un liquide plus léger et on peut ainsi par additions successives d'éther séparer tous les minéraux qui flottaient primitivement.

Si on avait d'abord du fer oligiste, de l'amphibole, du feldspath, du quartz, l'oligiste tombera au fond le premier, ensuite ce sera l'amphibole, puis le feldspath et finalement le quartz.

Cette méthode est excellente pour séparer les minéraux d'une roche qui a été réduite en poudre.

Une fois qu'on a ajouté à l'iodure de méthylène une quantité convenable d'éther, de façon à faire flotter le minéral, on obtient la densité de celui-ci en prenant la densité du liquide. A cet effet, on se sert de la balance de Westphal.

Elle se compose d'un fléau, ayant la forme indiquée

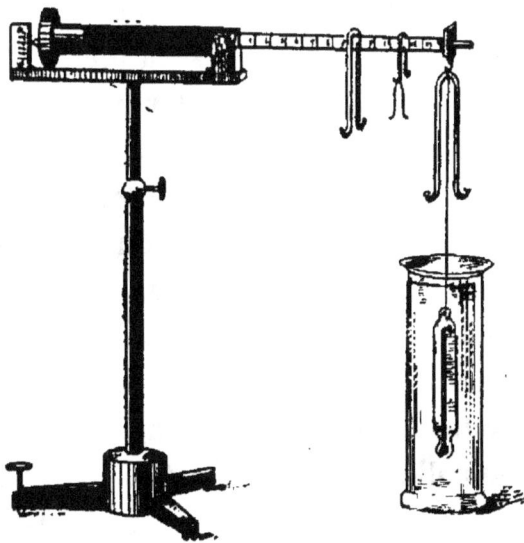

Fig. 58.

sur la figure. Un des bras est divisé en 10 parties égales et l'autre porte un contrepoids. A l'extrémité du bras divisé, on adapte un flotteur qui plonge dans l'éprouvette contenant le liquide. Le contrepoids doit être tel que le flotteur lesté avec du mercure, la pointe du bras du levier affleure au zéro d'une division qui se trouve en face la pointe du fléau. Les poids en forme de fer à cheval sont placés sur les différentes divisions du fléau, de façon à obtenir l'équilibre.

Le chiffre des poids donne la densité, qui peut être évaluée de façon à avoir la troisième décimale exacte.

Les corps transparents possèdent deux propriétés qui sont très utiles en minéralogie : 1° la réfraction, 2° la polarisation.

RÉFRACTION. — Quand un rayon lumineux tombe obliquement sur la surface d'un corps, il est dévié de sa direction ; on dit alors qu'il est réfracté. Suivant que le rayon est plus ou moins dévié par les gemmes, celles-ci sont plus ou moins belles ; ainsi le diamant est la pierre précieuse qui a l'indice de réfraction le plus élevé ; aussi son éclat, qui le fait rechercher en bijouterie, est-il très vif. Le cinabre et la blende ont aussi un indice de réfraction considérable, plus élevé même que celui du diamant ; mais ces deux minéraux sont très tendres, par conséquent rayés tout de suite, et leurs faces sont dépolies.

Quand on examine un objet à travers certains corps comme la calcite, on voit deux images de cet objet : c'est ce qu'on appelle la *double réfraction*. La double réfraction n'existe pas dans les corps cubiques et dans les corps amorphes (substances *isotropes*). Elle peut exister dans tous les autres (*corps anisotropes*).

La double réfraction n'a pas lieu lorsque le rayon traverse les cristaux anisotropes dans certaines directions qu'on appelle axes optiques. Les minéraux du système hexagonal et quadratique n'ont qu'un axe optique qui coïncide avec l'axe vertical. Ceux des systèmes orthorhombique, monoclinique et triclinique ont deux axes optiques. Dans le premier, ils se trouvent dans un des plans de symétrie; dans les deux autres ce plan est quelconque.

MAGNÉTISME. — Les propriétés magnétiques sont d'un certain secours en minéralogie pour reconnaître la présence de l'aimant naturel ou magnétite qui agit sur l'aiguille aimantée ; aussi est-il nécessaire d'en avoir une à sa disposition. On se sert d'une aiguille à chape d'agate et mobile sur un pivot.

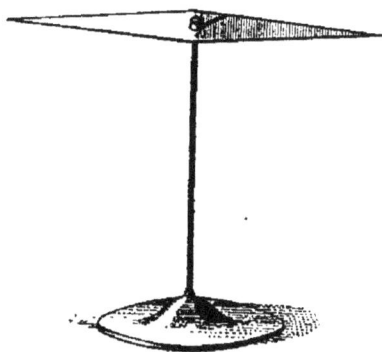

Fig. 59.

PYROÉLECTRICITÉ.—Quand on chauffe les cristaux hémimorphes, il se développe aux deux extrémités des électricités de signe contraire. Quand le cristal se refroidit, à l'extrémité où s'était produit le fluide négatif, il se forme de l'électricité positive, et l'inverse a évidemment lieu pour l'autre extrémité.

Tous les cristaux hémimorphes possèdent cette propriété, de même que tous les cristaux hémiédriques qui ne sont pas symétriques par rapport à un axe de symétrie.

PIÉZOÉLECTRICITÉ. — Les cristaux des substances qui s'électrisent quand on les chauffe, présentent les mêmes phénomènes lorsqu'ils sont comprimés. Ce fait très intéressant a été constaté par MM. J. et P. Curie.

CHAPITRE III

PROPRIÉTÉS CHIMIQUES

Le moyen le plus sûr pour arriver à la détermination exacte d'une espèce minérale est d'en faire l'analyse. Pratiquement l'analyse qualitative est suffisante, si on tient compte, bien entendu, des caractères extérieurs qui, lorsque la substance est cristallisée, conduisent toujours à la détermination exacte. Le carbonate de chaux se présente sous deux formes différentes : l'aragonite et la calcite ; mais à première vue on distingue ces deux substances ; la calcite est rhomboédrique, tandis que l'aragonite est rhombique.

On emploie, en minéralogie, surtout le chalumeau pour faire des analyses qualitatives. Avec cet instrument quelques réactifs suffisent et on peut mettre tout le matériel d'analyse qualitative par voie sèche dans une boîte ayant des dimensions fort restreintes et qu'on peut emporter facilement en voyage.

Pour faire des essais par voie sèche, il faut se munir d'un chalumeau, d'une bougie ou d'une lampe à alcool, d'une pince à bouts de platine, d'un fil de platine, d'un mortier d'agate, d'un morceau de charbon de bois et d'un petit marteau. Comme réactifs on prend le borax, le sel de phosphore, le bisulfate de potasse, le carbonate de soude, l'azotate de cobalt et l'oxyde de cuivre en poudre.

Chalumeau. — Le chalumeau se compose d'un tube métallique de vingt centimètres de long. A l'une de ses

Fig. 60. — Chalumeau ordinaire.

extrémités on adapte une embouchure en os qui permet d'y insuffler de l'air avec les lèvres. L'autre extrémité

Fig. 60 *bis*. — Chalumeau Berzélius.

porte un réservoir dont le diamètre est beaucoup plus grand que celui du tube ; il porte un petit tube de 4 ou

Fig. 60 *ter*. — Chalumeau à gaz.

5 centimètres de long, dirigé à angle droit sur le premier. Il est terminé lui-même par une pointe de cuivre, ou mieux de platine, ayant une très petite ouverture, d'un demi-millimètre de diamètre environ.

Le réservoir placé sur le chalumeau a pour but d'arrêter la salive, de telle façon que l'air qu'on insuffle dans le chalumeau arrive à peu près sec sur la flamme.

Pour faire un essai, il est nécessaire de souffler d'une façon continue pendant quelque temps. On y arrive facilement en s'habituant à chasser l'air de la bouche par la contraction des joues et à respirer seulement par le nez.

La flamme d'une bougie présente trois parties, ou plutôt deux parties essentielles. A l'intérieur une porte éclairante où la combustion du carbone est incomplète, faute d'oxygène; par conséquent sa température n'est pas très élevée et elle est réductrice.

La partie extérieure, au contraire, est peu éclairante, très chaude, la combustion étant complète et oxydante.

Le chalumeau sert à augmenter ces deux propriétés de la flamme de la bougie.

Pour avoir une flamme oxydante, on introduit la pointe du chalumeau près de l'extrémité de la mèche. La quantité d'oxygène fournie à la flamme étant ainsi augmentée, la combustion est complète. La flamme s'allonge, et c'est à son extrémité que la température est le plus élevée.

Pour obtenir la flamme réductrice, la pointe du chalumeau doit pénétrer très peu dans la flamme au-dessus de la mèche. Il se produit une région jaune pâle dans laquelle la combustion est incomplète et qui est réductrice.

Les *pinces à bouts de platine* sont représentées figure 61. Elle servent à tenir les fragments de minéraux dont on

essaye la fusibilité ou dont on regarde la coloration à
la flamme.

Le *fil de platine* dont on se sert a généralement 0 mm 3

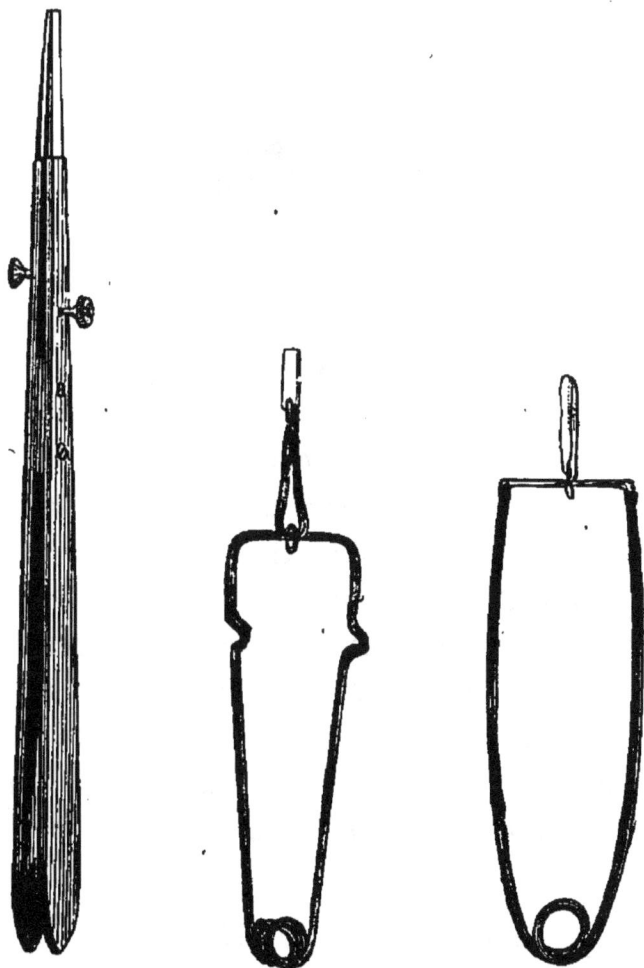

Fig. 61. — Pinces à bouts de platine de différents modèles.

de diamètre ; on le fixe au moyen d'un petit bouchon de
liège sur un tube de verre. Il sert à faire des perles
de borax ou de sel de phosphore.

Chaque fois qu'on s'en est servi, il est indispensable de le nettoyer.

Le *mortier d'agate* sert à broyer les substances qu'on essaie avec le borax ou le sel de phosphore.

Fig. 62. — Mortier d'agate et son pilon.

Le *charbon* employé est du charbon de bois.

Il sert à réduire les substances. On fait un trou dans sa masse, on y met le minéral à essayer et on dirige sur lui le dard de la flamme.

On emploie aussi des tubes ouverts aux deux extrémités et des tubes fermés à l'une d'elles.

Les premiers sont courbés. Ils sont faits avec du verre mince, ont cinq ou six millimètres de diamètre et de 7 à 10 millimètres de longueur.

EXAMEN DES SUBSTANCES

Essais dans le tube fermé.

La substance à essayer est placée dans le tube fermé; il faut avoir soin d'en mettre en quantité suffisante pour qu'elle ne soit pas oxydée. On la chauffe graduellement. La substance ne présente aucune modification, ou bien elle laisse dégager des vapeurs qui viennent se condenser un peu plus haut sur les parois froides du tube pour produire des anneaux qui sont souvent caractéristiques. Elle peut aussi changer de couleur et, dans ce cas, cette dernière persiste ou bien se modifie par refroidissement.

Essais dans le tube ouvert.

Le tube étant ouvert à ses deux extrémités, l'oxydation des éléments peut se produire, et dans ce cas il se forme souvent des composés volatils. L'oxydation qui ne se fait presque pas dans le tube fermé, est due au courant d'air chaud qui traverse le tube quand on le chauffe. Les produits qui se dégagent se condensent sur les parois du tube ou vont dans l'atmosphère, et alors ils ne se reconnaissent que s'ils ont une odeur caractéristique comme l'acide sulfureux, l'arsenic et le sélénium.

Fusibilité.

La fusibilité est un caractère d'une grande importance dans la détermination des espèces. On dit que les corps sont facilement fusibles, difficilement fusibles, fusibles sur les bords ou infusibles quand on les soumet à l'action du chalumeau.

On se sert habituellement de l'échelle de fusibilité donnée pas Kobell.

Les minéraux pris pour types sont les suivants :

1° Stibine,

2° Mésotype,

. 3° Almandin,

4° Actinote,

5° Orthose,

· 6° Bronzite.

La stibine et la mésotype sont fusibles à la flamme de la bougie. L'orthose est fusible, mais incomplètement ; le bronzite ne fond que sur les bords les plus minces.

Essais sur le charbon.

Les essais sur le charbon sont très fréquents. Une petite cavité plate est faite dans celui-ci ; elle est destinée à recevoir la substance à essayer. On place un fragment de cette dernière dans cette cavité et on le met dans la région de la flamme oxydante et ensuite dans la région de la flamme réductrice. Il peut y avoir dégagement de gaz ; aussi, dès qu'on cesse de souffler, il faut flairer pour reconnaître l'odeur du gaz. On détermine ainsi la présence du soufre, de l'arsenic et de l'antimoine dans quelques cas.

Il peut aussi se former des auréoles dont la couleur est souvent caractéristique (voir le tableau p. 53). Elles peuvent être différentes suivant qu'on examine à chaud ou à froid.

Si la substance à essayer sur le charbon décrépite, on la réduit en poudre, on l'humecte d'eau et on la place ensuite dans la cavité du charbon.

Tableau donnant la coloration et les propriétés des auréoles

	COULEUR DE L'ENDUIT		FEU DE RÉDUCTION	FEU D'OXYDATION
	à chaud	à froid		
Sélénium.........	gris d'acier		volatil avec une flamme bleue	volatil
Tellure.........	blanc		volatil avec une flamme verte	volatil
Arsenic.........	blanc		volatil avec une flamme bleue pâle	volatil
Antimoine	blanc		volatil avec une flamme vert pâle	volatil
Argent.........	rouge brun		volatil	volatil
Bismuth.........	jaune orange	jaune citron	volatil	volatil
Plomb.........	jaune citron	jaune soufre	volatil	volatil
Cadmium.........	jaune citron	rouge brun	volatil avec une flamme bleu d'azur	volatil
Zinc...........	jaune	blanc	faiblement volatil	non volatil, jaune vert, mélangé avec le nitrate de cobalt, devient bleu vert
Etain.........	jaune pâle	blanc	non volatil	non volatil
Molybdène......	jaune	blanc	belle flamme bleue d'azur	volatil

BORAX. — Le borax est employé comme fondant. Le fil de platine, légèrement humecté ou bien chauffé, est plongé dans le borax qui se fixe sur le fil. Chauffé au chalumeau, il perd son eau et forme une perle qui doit être absolument incolore. Quand elle est très chaude et en fusion, on l'applique sur de la substance à analyser réduite en poudre. On chauffe de nouveau, les parcelles se fondent avec le borax, et la perle, prend au bout de quelque temps une coloration qui varie suivant que la perle a été mise au feu d'oxydation ou au feu de réduction et suivant qu'on l'examine à chaud ou à froid.

Le tableau suivant donne la coloration des perles des diverses bases.

Feu d'oxydation

PERLE INCOLORE (*à chaud et à froid*).

Silice	
Alumine	
Etain	
Baryte	
Strontiane	la perle étant très saturée devient opaque et blanche sous l'action de la flamme.
Chaux	
Magnésie	
Glucine	
Zircone	
Argent	

PERLE JAUNE (*à chaud*).

Titane	la perle doit être fortement saturée. Coloration faible à froid. Elle devient opaque sous l'influence prolongée de la flamme.
Molybdène	
Zinc	
Cadmium	
Plomb	la perle doit être très saturée. Coloration faible à froid.
Bismuth	
Antimoine	

Cérium..............
Uranium. .... } perle renfermant peu de sub-
Fer................ stance. Peu colorée à froid.

Chrome .... { lorsque la perle renferme
peu de substance.
jaune verdâtre à froid.

Vanadium. — Perle verte à froid.

PERLE COLORÉE DU ROUGE AU BRUN

(*à chaud*) Cérium. — Jaune à froid. Devient opàque sous
l'influence prolongée de la flamme.
- — Fer. — Jaune à froid.
- — Uranium. — Jaune à froid. Opaque et jaune
sous l'action de la flamme.
- — Chrome. — Jaune vert à froid.
- — Fer manganésifère. — Jaune rouge à froid.

(*à froid*) Nickel (r. brun au brun).
- — Manganèse (violet rougeâtre).

PERLE VIOLETTE

(*à chaud*) Nickel.
- — Manganèse.

PERLE BLEUE

(*à chaud*) Cobalt.
(*à froid*) Cuivre.

PERLE VERTE

(*à chaud*) Cuivre.
- — Fer cobaltifère.
- — Fer cuivreux.

(*à froid*) Chrome.
- — Vanadium.

Feu de réduction.

PERLE INCOLORE OU FAIBLEMENT COLORÉE (*à chaud et à froid*).

Les mêmes corps qu'au feu d'oxydation, plus le :

Nickel..............
Zinc...............
Argent.............
Cadmium............ } sont colorés en gris si on
Plomb .... chauffe très peu de temps.
Bismuth............
Antimoine..... ......
Tellure.............

PERLE DU JAUNE AU BRUN

(*à chaud*) Titane.
      —   Tungstène.
      —   Molybdène.
      —   Vanadium.

PERLE BLEUE

(*à chaud*) Cobalt.

PERLE VERTE

(*à chaud et à froid*) Fer (jaune verdâtre).
      —   —   Uranium (jaune verdâtre)
      —   —   Chrome (vert émeraude
(*à froid*) Vanadium (vert de chrome .

PERLE ROUGE

(*à froid*) Cuivre.
      —   Didyme.

LE SEL DE PHOSPHORE est une substance cristallisée, incolore et qui est du phosphate d'ammoniaque et de soude.

Les perles s'obtiennent de la même façon que celles qui sont faites avec le borax, mais le sel de phosphore fond avec déflagration.

Le tableau suivant donne le couleur des perles.

Feu d'oxydation.

PERLE INCOLORE (*à chaud et à froid*)

Silicium. — Filaments opaques dans la perle transparente (squelette).
Aluminium.
Etain.
Baryum..............
Strontium............ } lorsque la perle est très sa-
Calcium.............. } turée.
Magnésium...........

Zirconium . . . . ⎫
Titane. . . . . ⎪
Antimoine. . . . . ⎪
Zinc . . . . ⎬ lorsque la perle contient très
Cadmium. . . . . ⎪   peu de substance
Plomb. . . . . ⎪
Bismuth. . . . . ⎭

PERLE JAUNE

(*à chaud*) Tantale. . . . . . ⎫
  — Titane. . . . . . ⎪
  — Tungstène . . . ⎪
  — Antimoine . . . ⎪
  — Plomb . . . . . . ⎬ quand la perle est très saturée.
  — Zinc . . . . ⎪
  — Cadmium. . . . ⎪
  — Bismuth . . . . . ⎪
  — Argent . . . . . . ⎭
  — Fer . . . . ⎱ perle peu saturée.
  — Cérium. . . . . . ⎰
  — Uranium,
  — Vanadium.
(*à froid*) Nickel.

Feu de réduction.

PERLE DONT LA COLORATION VA DU JAUNE AU ROUGE

(*à chaud*) Fer.
  — Titane (jaune).
  — Vanadium (brun).

PERLE VIOLETTE

(*à froid*) Titane.

PERLE VERTE

(*à froid*) Uranium.
  — Molybdène.
  — Vanadium.
  — Chrome.

PERLE ROUGE

(*à froid*) Cuivre.
  — Didyme.

PERLE BLEUE

(*à froid*) Cobalt.
   —   Tungstène.

PERLE ROUGE

(*à chaud*) Fer . . . . }
   —   Cérium . . . . . . } quand la perle est très saturé.
   —   Didyme.
   —   Nickel,
   —   Chrome.

PERLE VIOLETTE

(*à chaud*) Manganèse.

PERLE BLEUE

(*à chaud*) Cobalt.
(*à froid*) Cuivre (vert bleu,.

PERLE VERTE

(*à chaud*) Cuivre.
   —   Molybdène.
(*à froid*) Uranium (jaune verdâtre).
   —   Chrome (vert émeraude).

AZOTATE DE COBALT. — L'azotate de cobalt est employé en dissolution pour reconnaître l'alumine, la magnésie et le zinc. Les composés d'alumine imbibés de ce sel et chauffés au chalumeau sur une lame de platine ou sur le charbon prennent une coloration bleue.

La *magnésie* prend la couleur rose de chair, le *zinc* une couleur verte.

OXYDE DE CUIVRE. — Ce corps sert à reconnaître les chlorures, bromures et iodures mis dans des perles de sels de phospore. L'oxyde de cuivre, ajouté à ces substances et les saturant, donne du chlorure, bromure ou iodure de cuivre, caractérisés par la coloration qu'ils donnent à la flamme.

Coloration de la flamme. — La flamme prend des colorations diverses sous l'influence des corps. C'est sur cette propriété que les artificiers se basent pour colorer les flammes. Cette coloration peut donner de précieuses indications.

Les sels de potassium colorent la flamme en *violet*.

— de lithium, de calcium, de strontium en *rouge*.

— — de sodium en *jaune*.

— de l'arsenic, de l'antimoine, de plomb. CuCl, CuBr, en *bleu*.

— de baryum, de cuivre, les composés du phosphore en *vert*.

SPECTROSCOPE. — Au spectroscope, les différents corps donnent des raies qui sont caractéristiques; en minéralogie on se sert très peu de ce procédé.

En résumé, si on veut déterminer une substance, on suit la méthode suivante.

On chauffe la matière à essayer dans un tube fermé, on examine si elle change de couleur, si elle est fusible, volatile avant ou après sa fusion, si elle dégage des gaz odorants ou de l'eau. On examine aussi la substance après refroidissement.

Si la substance durant l'opération dans le tube fermé ne donne rien, on prend la pince à bouts de platine et on la chauffe au chalumeau pour voir sa fusibilité. Lorsqu'elle ne paraît pas fondue, on examine à la loupe si la fusion n'a pas eu lieu sur les bords.

Dans cet essai, il faut porter son attention sur la coloration de la flamme et sur le dégagement des vapeurs odorantes ou des fumées qui peut avoir lieu.

On chauffe la substance sur le charbon seul; pour cela on le place dans une cavité faite avec un canif. Elle peut être fondue, attaquée et alors donner un globule métallique, une auréole colorée sur le charbon, ou encore colorer la flamme.

On la chauffe ensuite sur du charbon avec du carbonate de soude, corps réducteur, auquel on peut ajouter du cyanure de potassium, si on a affaire à une substance métallique. Les observations à faire sont les mêmes que dans le cas précédent. Quand il se forme une matière noire, on la broie dans un mortier d'agate, on la traite par l'eau distillée pour la laver, enlever le charbon et les sels solubles, et finalement on obtient une poudre noire pouvant agir sur l'aiguille aimantée ou bien des grains métalliques. Cet essai permet aussi de reconnaître le soufre. La matière pulvérisée mise avec de l'eau noircit une pièce ou une lame d'argent. Il s'est formé du sulfure de sodium, qui agit sur l'argent.

Essais par voie humide.

Les essais par voie humide sont peu nombreux.

L'action d'un acide sur le minéral essayé peut donner de bonnes indications, suivant que le minéral est soluble ou non.

Dans le premier cas l'effervescence indique que la substance examinée est un carbonate. La coloration de la dissolution fournit aussi un excellent moyen pour reconnaître certaines substances. Ainsi les solutions de cuivre sont vertes, etc.

Les principales réactions caractéristiques de chaque minéral seront données à la suite de sa description.

———————

DEUXIÈME PARTIE

DESCRIPTION

DES ESPÈCES MINÉRALES DE LA FRANCE

CHAPITRE PREMIER

DÉFINITION DE L'ESPÈCE EN MINÉRALOGIE

L'ensemble des minéraux ayant la même composition chimique et des propriétés physiques semblables constitue l'espèce minérale. Les espèces minérales peuvent donc être des corps simples ou des combinaisons. La plupart des corps simples se combinant très facilement au contact de l'air, de l'eau, etc., n'existent pas à l'état libre dans la nature. Beaucoup de combinaisons n'existent pas non plus, étant solubles dans l'eau ou altérables au contact de l'oxygène.

Le tableau suivant donne le nom, le symbole et le poids atomique des corps simples.

Tableau des corps simples

	symboles	poids atomiques
Aluminium	Al	27
Antimoine	Sb	120
Argent	Ag	108
Argon	Ar	40
Arsenic	As	74.9
Azote	Az ou N	14
Baryum	Ba	137
Bismuth	Bi	207.5
Bore	Bo	10.9
Brome	Br	79.8
Cadmium	Cd	111.7
Cæsium	Cs	58.7
Calcium	Ca	39.9
Carbone	C	12
Cérium	Ce	141
Chlore	Cl	35.5
Chrome	Cr	52.5
Cobalt	Co	58.7
Cuivre	Cu	63.2
Didyme	Di	142
Erbium	Er	166
Etain	Sn	117
Fer	Fe	56
Fluor	Fl	19.1
Gallium	Ga	69.9
Germanium	Ge	73.3
Glucinium	Gl ou Be	9
Hélium	He	4.6
Hydrogène	H	1
Indium	In	113.4
Iode	I	126.5
Iridium	Ir	192.5
Lanthane	La	138
Lithium	Li	7
Magnésium	Mg	24
Manganèse	Mn	54.8
Masrium		
Mercure	Hg	199.8
Molybdène	Mo	96
Nickel	Ni	58.6
Niobium	Nb	93.7
Or	Au	196.7

	symboles	poids atomiques
Osmium	Os	191
Oxygène	O	16
Palladium	Pd	106
Phosphore	Ph	31
Platine	Pt	194
Potassium	K	39
Rhodium	Rh	104
Rubidium	Rb	85
Ruthénium	Ru	103.5
Scandium	Sc	44
Sélénium	Se	80
Silicium	Si	28
Sodium	Na	23
Soufre	S	32
Strontium	Sr	87.3
Tantale	Ta	182
Tellure	Te	125
Thallium	Tl	203.7
Thorium	Th	232
Titane	Ti	48
Tungstène	W	183.6
Uranium	U	240
Vanadium	V	51
Ytterbium	Yb	172.6
Yttrium	Y	89
Zinc	Zn	65
Zirconium	Zr	90.4

Nom des minéraux. — La même espèce a reçu souvent plusieurs noms. Nous adopterons celui qui a été employé le premier pour désigner le minéral, nous conformant à la règle suivie dans les sciences naturelles. Les autres noms français seront donnés comme synonymes.

Formules. — Le nom du minéral sera toujours suivi de sa formule chimique exprimée suivant la théorie atomique; elle a été écrite de façon à faire ressortir l'analogie des espèces.

Classification des minéraux. — La classification peut être basée sur les gisements ou sur la composition chimique. Celles qui reposent sur ce dernier caractère sont les plus employées. Mais on peut grouper les sels suivant la base ou suivant l'acide, ce qui donne deux classifications tout à fait différentes.

Le groupement des minéraux d'après l'acide quand on a affaire à des sels, et suivant le minéral électro-négatif (soufre, fluor, etc.), quand on a des composés binaires, montre beaucoup mieux l'analogie des corps si l'on considère leurs propriétés cristallographiques.

Ainsi les carbonates forment deux séries isomorphes : la première rhomboédrique comprenant la calcite, la sidérose, la diallogite, la dolomie, etc. la seconde rhombique comprenant l'aragonite, la cérusite, etc., etc.

On voit aussi que dans une série classée comme il a été dit, un élément peut être remplacé en plus ou moins grande quantité par un élément analogue.

Ainsi dans le groupe des carbonates rhomboédriques la magnésie, le manganèse, etc., pourront remplacer le fer dans la sidérose, et former ainsi des *variétés*.

En outre, un minéral n'ayant pas toujours la même structure pourra se présenter sous des aspects différents et constituer aussi des variétés.

Si l'on considère la série des sulfures cubiques ayant pour formule générale $R^n X^{2n}$ (R = Fe,Mn,Co,Ni et X = S,Ms,Sb), le fer peut remplacer le nickel, le cobalt, et réciproquement. Dans les formules où rentrent plusieurs éléments semblables et, entre parenthèses comme dans la smaltine $(Co,Ni,Fe) As^2$, les métaux sont disposés de façon à mettre en premier lieu celui qui existe dans le minéral en plus grande proportion. Ainsi dans la smaltine il y a plus de cobalt que de nickel et plus de nickel que de fer, dans la korynite (NiFe) (AsSb) S, il existe plus de nickel que de fer et plus d'arsenic que d'antimoine.

Dans la classification suivie, les minéraux sont divisés en classes et en groupes.

Les formules des principaux minéraux de chaque groupe seront exposées avant la description des espèces spéciales à la France.

A la fin de l'ouvrage se trouve un tableau donnant les minéraux les plus importants des métaux usuels.

L'étude est faite dans l'ordre suivant : D'abord les corps simples, ensuite les composés binaires et finalement les sels.

CHAPITRE II

GISEMENTS DES MINÉRAUX (1)

Avant d'aborder l'étude des minéraux, il est utile de voir dans quelles roches on peut les trouver.

En se plaçant au point de vue des recherches minéralogiques, on peut considérer le sol comme formé par quatre catégories de roches :

1° Les roches volcaniques;

2° Les roches massives éruptives;

3° Les roches des terrains primitifs et schisteux,

4° Les roches sédimentaires.

(1) Ce paragraphe est rédigé d'après la leçon faite au Museum pour les voyageurs par M. le professeur Lacroix en 1893.

1° *Roches volcaniques.* — Les roches qu'on trouve dans les environs des volcans proviennent : 1° des coulées qui se sont épanchées sur le sol, 2° des projections. Dans ce dernier cas elles peuvent avoir été arrachées aux parois du cratère, ou bien ce sont des fragments de la lave ancienne qui fermait la cheminée d'ascension de la lave nouvelle.

Suivant les conditions dans lesquelles se fait l'écoulement de la lave, il se forme des minéraux différents. Quand les produits volcaniques se sont épanchés au sein des eaux, on rencontre des géodes renfermant de beaux cristaux de zéolithes.

Quand la lave en s'écoulant sur le sol se refroidit rapidement, sa solidification se fait très vite, les cristaux n'ont pas le temps de se former, elle constitue alors une masse vitreuse, connue sous le nom de verre des volcans ou obsidienne.

Si la lave se refroidit lentement, les substances chimiques qui la composent peuvent cristalliser.

Les roches volcaniques présentent de nombreuses fissures, traversées souvent par des produits fournis par le volcan. Ils attaquent les parois de la roche ou bien se subliment et forment ainsi des minéraux souvent bien cristallisés.

Les minéraux qui se produisent dans les filons sont formés de cette manière.

2° *Roches éruptives massives.* — Les roches éruptives massives n'ont pas été accompagnées de produits de projections comme dans le groupe précédent. Ces roches comprennent : les granites, les serpentines, les diorites, les gabbros, les péridotites, qui renferment toutes des minéraux très variés. Les grenats, les topazes, les feldspaths, le quartz, les micas, l'émeraude, etc., etc., se trouvent dans ces roches.

3° *Roches des terrains primitifs.* — Les gneiss, les micaschistes, les amphiboloschistes appartiennent à cette catégorie. Les gneiss sont peu riches en minéraux. Il n'en est pas de même des micaschistes, qui renferment de beaux cristaux. C'est dans ces roches que l'on trouve les grenats, la staurotide, le disthène, la tourmaline, etc.

Les fissures qui les traversent contiennent souvent des cristaux appartenant à des espèces très variées. C'est dans de semblables conditions que l'on trouve dans les Alpes des cristaux de quartz, de rutile, d'anatase, d'épidote.

Dans les roches primitives on trouve des bancs de calcaires intercalés (Pyrénées). Dans ces calcaires on trouve des cristaux de grenat, d'idocrase, de pyroxène, de spinelle, de humite, etc.

4° *Roches sédimentaires.* — Elles sont peu riches en minéraux lorsqu'elles n'ont subi aucune modification. Quand le métamorphisme a agi sur elles, lorsque par exemple elles se sont trouvées en contact avec des roches éruptives qui ont agi par la chaleur, il s'est souvent formé des minéraux intéressants; aussi devra-t-on toujours examiner le contact des roches éruptives avec les roches sédimentaires.

Gisements métallifères.

Les gisements métallifères se rencontrent dans toutes les roches. Ils sont en filons ou en amas.

Les gîtes ont souvent pour cause la sortie d'une roche éruptive. Celle-ci peut : 1° Déterminer l'ouverture de fentes qui sont remplies immédiatement (association habituelle de l'étain avec un granite à mica blanc ou avec des pegmatites contenant des cristaux de topaze);

2° Amener au jour un minerai qui se concentre en lentilles près du contact de la roche éruptive avec le terrain encaissant (*gîtes de départ*). Les gîtes cuprifères présentent un exemple de ce mode de constitution. Ils sont en rapport avec des roches basiques (diorites, serpentines, diabases). Il y a eu deux époques principales d'épanchements cuivreux, l'une correspondant aux éruptions métaphyriques de l'époque permienne ou triasique, l'autre aux épanchements serpentineux de l'éocène supérieur.

3° Des fentes bien définies ont été remplies par des concrétions. Les minéraux plombifères présentent ce mode de formation. On rencontre ces derniers dans les sédiments triasiques ou infraliasiques et dans les assises les plus élevées du tertiaire et même dans le quaternaire.

4° Les gisements métallifères peuvent provenir de l'action de puissantes émanations solfatariennes sur la roche volcanique et l'imprégner de minerai. C'est un des gisements de l'argent natif, de l'argent rouge, de l'argyrose, des galènes argentifères, de l'or, de la pyrite.

DIVISION EN CLASSES

PREMIÈRE CLASSE

CORPS SIMPLES

Les corps simples se trouvant à l'état natif sont le carbone (diamant et graphite), le soufre, le sélénium, le tellure, l'arsenic, l'antimoine, le bismuth, le zinc, l'or, l'argent, le cuivre, le mercure, le plomb, l'étain, le platine, l'iridium, le palladium et le fer.

Ces corps ne sont pas purs, ils sont souvent alliés entre eux, sans former une combinaison définie. Dans certains cas ces alliages prennent un nom spécial. Nous ne décrirons que les corps qu'on trouve en France.

A ces corps simples il faut ajouter l'oxygène, l'azote, l'argon, l'hélium, le fluor et l'hydrogène.

L'oxygène et l'azote forment l'air atmosphérique, qui contient aussi un peu d'argon. L'hélium et l'hydrogène se trouvent dans des minéraux contenant des métaux rares, comme l'uranium, l'yttrium. Le fluor se trouve dans la fluorine de Lantigné.

Carbone.

Le diamant et le graphite sont les deux états sous lesquels le carbone se trouve dans la nature.

Le diamant a la forme cubique et sa densité est 3,5, et le graphite représente la forme rhomboédrique, dont la densité est 2,2.

Diamant.

Le diamant n'est pas un minéral français, mais son emploi en bijouterie et ses propriétés en font une espèce des plus importantes.

Le diamant est le corps le plus dur, capable de rayer tous les autres minéraux. Le clivage est octaédrique. Il offre des couleurs variables : l'orange, le rose, le bleu, le vert, le blanc. C'est un des corps qui réfractent le plus la lumière, son indice de réfraction est presque deux fois plus grand que celui de l'eau.

Suivant la coloration on lui donne des noms différents Le diamant jaune est une *topaze orientale* ; le noir constitue le *carbonado* qui n'a pas de valeur comme pierre précieuse, mais qui sert à forer les roches très dures. Il est dépourvu de clivage, comme le *Bort*, qui est formé par un agrégat de cristaux.

Dans le diamant se trouvent quelquefois des inclusions qui diminuent beaucoup sa valeur et qu'on nomme *crapauds*. Ce sont des carbures contenus dans les inclusions et qu'on a désignés *Tyffaniite*, qui produisent probablement la phosphorescence.

Le diamant brûle dans l'oxygène et même dans l'air. On ne l'a pas observé en place, on le trouve toujours dans les dépôts d'alluvion, sables, argiles, associé au quartz, à l'or, au platine, au zircon, au rutile, à la brookite, au grenat, à la topaze, au corindon, etc., c'est-à-dire avec les minéraux provenant des roches granitiques.

Les diamants viennent de l'Inde, du Brésil, du Cap où ils ont été découverts en 1867, de Bornéo, de l'Oural, etc.

M. Moissan est arrivé à reproduire des grains microscopiques de diamant.

Les diamants les plus connus sont : le Régent, pesant 137 carats, le Sancy (53 carats), le Grand-Mogol (280 carats), l'Étoile du Sud (124 carats).

Les gisements du Cap ont aussi fourni des diamants d'un poids considérable : citons le Victoria, pesant primitivement 457 carats, mais réduit finalement à 180, le stewart pesant 120 carats.

Graphite.

Plombagine, mine de plomb, fer carburé, mica des peintres.

Le graphite est du carbone. Il cristallise en rhomboèdres de 85°,29. Clivage parfait suivant la base, imparfait suivant les faces p.

La cassure est inégale. La couleur est noir de fer ou gris d'acier. Trait noir, lustré. Onctueux au toucher, sectile, flexible en lames minces. Laisse sur le papier une trace noire.

Dureté de 1 à 2. Densité 2,09 à 2,23 suivant le degré de pureté.

Infusible au chalumeau. Il brûle avec difficulté.

Le graphite est rarement cristallisé. Il renferme du fer et souvent de la silice, de l'alumine, de la chaux et de l'oxyde de titane.

On le trouve dans les terrains anthracifères du col de Chardonnet, près Briançon. Il paraît provenir du métamorphisme opéré sur l'anthracite par des filons de porphyre amphibolique.

Soufre natif.

Le soufre est orthorhombique, l'angle des faces *m m*
est de 101°,46. Généralement il se présente en octaèdres
provenant des troncatures sur les arêtes *b* (fig. 63 et 64).
La couleur est le jaune de soufre, le jaune de miel,
quelquefois même la coloration est brunâtre ou grise.

Le clivage est imparfait suivant les faces latérales du
prisme, et la cassure est conchoïdale. L'éclat est résineux
sur la cassure et adamantin sur les faces (pl. XIV.)

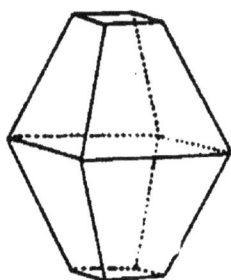   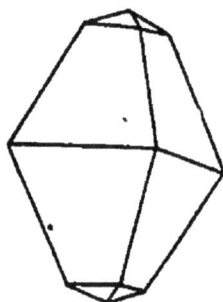

Fig. 63.   Fig. 64.

Le soufre est très facile à reconnaître, il s'enflamme
à l'air à 270° en produisant des vapeurs d'acide sulfureux. Insoluble dans l'eau, dans les acides, mais soluble dans le sulfure de carbone, le chloroforme, etc.

Le soufre se trouve souvent associé aux masses de
gypse et aux roches accompagnant ce dernier. On le
trouve aussi en beaux cristaux dans les régions renfermant des volcans en activité ou éteints.

Le soufre a joué un très grand rôle dans la nature
comme élément minéralisateur. Il est très remarquable
par les différents états sous lesquels il se présente. On
est arrivé à préparer cinq variétés de soufre : une

orthorhombique (c'est la forme du soufre natif), trois monocliniques et une rhomboédrique.

On le trouve à Saint-Boë près de Dax, dans le ravin de la Craie au mont Dore (Puy-de-Dôme), où il se trouve dans un trachyte associé à l'alunite; dans les environs de Paris, à Lys (Basses-Pyrénées), etc.

Arsenic.

L'arsenic cristallise dans le système rhomboédrique. L'angle du rhomboèdre est de 85°,4. Le clivage est très net suivant la troncature a, c'est-à-dire perpendiculairement à l'axe principal. Suivant les faces du rhomboèdre on observe aussi des clivages imparfaits.

L'arsenic a un éclat métallique, gris de fer sur une cassure fraîche. Cette dernière est inégale à grain fin. Il est très cassant.

Dureté 3,5. Densité 5,8.

L'arsenic se volatilise sans fondre dans le tube fermé. La vapeur a une odeur d'ail caractéristique. Pour la développer il suffit de projeter une pincée de poudre d'arsenic sur des charbons incandescents. La vapeur d'arsenic se dépose toujours dans la partie froide du tube ouvert sous forme d'enduit cristallin gris noirâtre. Dans le tube ouvert à ses deux bouts, l'arsenic brûle et donne des vapeurs blanches d'acide arsénieux.

L'arsenic est attaqué par l'acide azotique.

L'arsenic natif se trouve dans la mine de Challanches à Allemont (Isère).

Antimoine natif.

L'antimoine natif est blanc d'étain, fragile. Il se présente en lames montrant le clivage (pl. IX) et cristallise en rhomboèdres de 87°7'. Clivage facile suivant les faces p.

L'éclat est métallique. Densité 6,7. Dureté 3 à 3,5.

Fond sur le charbon et donne un enduit blanc. Si on continue à chauffer, le globule fondu donne des vapeurs blanches.

On le trouve en masses lamellaires à Allemont.

Allemontite SbAs².

Antimoine natif arsénifère, arséniure d'antimoine.

L'allemontite est rhomboédrique comme l'arsenic et l'antimoine.

Elle se présente en masses réniformes ou amorphes, formées de lamelles curvilignes, quelquefois aussi d'une pâte finement granuleuse.

Mine de Challanches à Allemont.

Fer natif.

Comme presque tous les métaux, le fer cristallise dans le système cubique.

Dans les météorites il se rencontre fréquemment, mais il n'est jamais pur et renferme un grand nombre d'autres substances (nickel, chrome, cobalt, phosphore, silicium, soufre et quelquefois de l'hydrogène).

On l'a trouvé dans une météorite tombée à Caille (Var).

Dans les houillères enflammées de Commentry on trouve un phosphure de fer, le *rhabdite*.

Cuivre natif.

Le cuivre natif est cubique. Il possède l'éclat métallique et la couleur rouge de cuivre.

Densité 8,8. Dureté 2,5 à 3.

Le cuivre natif renferme d'autres métaux, de l'argent, du bismuth, du mercure.

Au chalumeau, le cuivre fond facilement et se recouvre, en se refroidissant, d'une couche noire d'oxyde de cuivre. Il se dissout dans l'acide azotique en donnant une liqueur bleue et en provoquant le dégagement de vapeurs rutilantes.

Le cuivre natif (pl. X) se trouve en filons dans les minerais de cuivre, surtout ceux de cuprite, de malachite et de chessylite.

Galeries de mines de Rosier.

Mercure natif.

Le mercure est le seul métal liquide à la température ordinaire. Il se solidifie à — 40°, il cristallise en cubes et peut être martelé et forgé ; à 357° il entre en ébullition. La densité est 13,5. Il est blanc d'argent.

Se rencontre sur les bords du plateau du Larzac dans l'Hérault, à Ménilot près de Saint-Lô, et dans les environs de Limoges dans un granit altéré.

Argent natif.

L'argent est cubique. Les cristaux sont généralement allongés, aciculaires, filiformes, présentant quelquefois des formes arborescentes (pl. XIII).

Quelquefois l'argent est en masse ou en paillettes ou en lames recouvrant la roche. Pas de clivage. La couleur est le blanc d'argent. Éclat métallique.

Densité 10,1 à 10,5. Dureté 2,5 à 3.

L'argent se trouve dans les filons traversant le gneiss, les porphyres, etc. Il est alors en masses ou à l'état filiforme. Il se trouve souvent en grains disséminés et invisibles, sur le cuivre natif, la galène, etc.

Allemont, Huelgoat (Finistère), etc., etc.

Or natif.

L'or est cubique. Les formes observées sont très nombreuses (pl. XI).

Sa couleur est bien connue, quelquefois elle penche un peu sur le blanc, quand l'or renferme une certaine quantité d'argent. Il est très malléable et ductile.

Densité 15,6 à 19,3.

L'or est insoluble dans les acides isolés, mais soluble dans l'eau régale. Fond au chalumeau.

Quand l'or se trouve en place, il est renfermé dans des veines de quartz traversant les roches métamorphiques (schistes chloriteux, talqueux, argileux, gneiss, diorites, porphyres, rarement le granit). Souvent l'or se trouve dans les sables d'alluvion, en poudre, lamelles ou pépites et dans les rivières.

En France on en trouve dans l'Ariège, dans l'Allier, dans le Rhône, à la Gardette dans du quartz, etc.

Platine natif.

Le platine natif cristallise en cubes, mais les cristaux sont rares. Généralement il se présente en grains ou en paillettes (pl. II).

Il possède l'éclat métallique et la couleur gris blanc.

Sa densité est de 14 à 19, tandis que, lorsqu'il est purifié, elle est de 21 à 22. Cela tient à ce qu'il renferme du fer, de l'iridium, de l'osmium et d'autres métaux.

Le platine est infusible. Ne donne rien avec le borax et avec le sel de phosphore. N'est soluble que dans l'eau régale.

Le platine natif se trouve à Saint-Aray, val du Drac.

DEUXIÈME CLASSE

SULFURES, SÉLÉNIURES, TELLURURES, ARSÉNIURES, ANTIMONIURES

PREMIER GROUPE. — **Sulfures, etc., des métalloïdes.**

Les minéraux appartenant à ce groupe sont le :

Réalgar As^2S^2 .... ⎫ monoclinique
Orpiment As^2S^3 ...... ⎪
Stibine Sb^2S^3 .... ⎬ rhombiques
Bismuthite Bi^2S^3 ...... ⎪
Guanajuatite $Bi^2(SeS^3)$. ⎪
Molybdénite MoS^2... ⎭

Réalgar As^2S^2.

Arsenic rouge, rubine d'arsenic, arsenic sulfuré rouge.

Monoclinique. Clivage suivant g, p et m, $mm = 74°,26$.

La cassure est un peu conchoïdale. Sectile. Éclat résineux. Couleur jaune orangé (pl. VI).

Densité 3,5. Dureté 1,5 à 2.

Dans le tube fermé, le réalgar se volatilise et donne un sublimé rouge transparent. Sur le charbon il donne une flamme bleue et émet des vapeurs arsenicales et sulfureuses. Soluble dans la potasse. Dans cette solution l'acide chlorhydrique donne un précipité rouge.

On le rencontre à Montal près de Ricamarie (Loire).

Orpiment As^2S^3.

Arsenic sulfuré jaune.

L'orpiment cristallise dans le système rhomboïdal. Angle $mm = 107°,49$. Les cristaux sont petits et rarement distincts. Mais habituellement ce minéral se présente en masses cristallines foliacées d'un beau jaune (pl. IV).

Le clivage est parfait suivant g, et à peine prononcé suivant h. L'orpiment est sectile. Les lames de clivage sont flexibles, mais pas élastiques. Elles ont un éclat lustré un peu résineux. Ce minéral est un peu transparent.

Densité 3,4 à 3,5. Dureté 1,5 à 2.

Dans le tube fermé, il fond, se volatilise, et donne un sublimé jaune. Se dissout dans les alcalis et dans l'eau régale.

Au chalumeau se comporte comme le réalgar.

On le trouve à Saint-Nectaire.

Stibine Sb^2S^3.

Antimoine sulfuré.

La stibine cristallise en prismes rhomboïdaux droits. Clivage facile parallèlement à la face produite par la troncature sur g. Cassure lamellaire. Couleur gris de plomb. Éclat métallique très vif se ternissant rapidement à l'air et devenant alors gris mat. Les lames sont flexibles sans être élastiques.

La stibine se présente fréquemment en cristaux généralement striés en long, parfois aussi en masses bacillaires. Les cristaux sont dans une gangue pierreuse ou dans une masse de stibine moins bien cristallisée. L'angle $mm = 90°54'$.

La densité est 4,5 et la dureté 2.

La stibine est fusible à la chaleur d'une bougie. Elle grille en donnant une odeur sulfureuse. Au chalumeau et sur le charbon, elle donne l'auréole d'oxyde d'antimoine.

Soluble dans les acides.

Se trouve dans les filons, dans le granit et le gneiss accompagné des autres minéraux d'antimoine et de la blende, de la galène, du cinabre, de la baryte et du quartz.

Elle se trouve dans les filons quartzifères et dans des gisements métallifères.

Massiac(Auvergne). Ariège. Malbase(Ardèche), etc., etc.

Bismuthite Bi^2S^3.

Bismuth sulfuré.

La bismuthine, qui est orthorhombique, se présente en cristaux aciculaires, mais le plus souvent en masse avec une structure foliacée ou fibreuse. Le clivage est parfait suivant g. Quelquefois sectile.

L'éclat est métallique. La couleur est gris de plomb tombant sur le blanc d'étain. Opaque.

La densité est 6,4 à 6,5, la dureté 2.

La bismuthine fond à la flamme de la bougie. Dans le tube ouvert elle donne des vapeurs sulfureuses avec un sublimé blanc.

Se dissout dans l'acide azotique concentré; mais quand on ajoute de l'eau en quantité suffisante, il se produit un précipité blanc.

On la trouve dans le granit à Meymac (Corrèze).

Molybdénite MoS^2.

Les cristaux de molybdénite ressemblent un peu à ceux de mica, ils ont la forme hexagonale, sont tabulaires. Mais, le plus généralement, ce minéral est en masses foliacées, en écailles ou granulaire.

Lames très flexibles, mais dépourvues d'élasticité. Sectile. Éclat métallique, couleur gris de plomb. La trace laissée sur le papier est gris bleu et sur la porcelaine légèrement verte. Opaque.

Dans le tube ouvert donne des fumées sulfureuses et un sublimé cristallin de trioxyde de molybdène (MoO^3).

Chessy, Vauby (Haute-Vienne).

Se trouve dans les granites, les gneiss, les syénites zirconiennes et les autres roches cristallines.

DEUXIÈME GROUPE. — **Sulfures, etc., des métaux.**

Sulfures, etc., de la formule R^aX^a.

a) *Cubiques :*
  Blende ZnS
  Alabandine MnS
  Troïlite FeS
  Pentlandite (FeNi)S

$R = Zn, Mn, Fe, Ni, Cd$
$X = S, As$ et Sb

b) *Rhomboédriques :*
  Wurtzite ZnS correspondant à la blende
  Erythrozinite (ZnMn)S
  Greenockite CdS
  Millérite NiS
  Nickeline NiAs
  Arite Ni(AsSb)
  Breithauptite NiSb

Dans tous ces minéraux, un des métaux peut être remplacé en plus ou moins grande quantité par les autres. (Blende.) L'antimoine peut aussi remplacer l'arsenic et réciproquement.

Blende ZnS.

Sphalérite, zinc sulfuré.

La blende est tétraédrique, et se présente en octaèdres ou en cristaux offrant les faces du dodécaèdre rhomboïdal, du trapézoèdre, ou en masses clivables, violacées, fibreuses, botryoïdes, souvent en masses compactes ou à grains plus ou moins fins. Le clivage se fait suivant les faces du dodécaèdre rhomboïdal (pl. XVI).

La couleur est très variable, jaune, verte, rougeâtre, brune et très souvent noire. Elle est fréquemment transparente et possède un indice de réfraction très élevé, aussi fort même que celui du diamant. L'éclat est adamantin quand elle est plus ou moins opaque. La poussière est jaune ou brune.

La densité est 4 et la dureté de 3,5 à 4.

La blende est infusible au chalumeau, mais décrépite. Dans le tube ouvert, elle change de couleur et dégage des vapeurs sulfureuses,

Sur le charbon elle donne un enduit blanc d'oxyde de zinc et quelquefois un enduit rouge brun caractérisant le cadmium. Beaucoup de variétés donnent avec le borax les caractères du fer. Le fer existe fréquemment dans la blende et en particulier dans les variétés noires.

La blende est soluble dans l'acide chlorhydrique avec dégagement d'acide sulfhydrique.

Ce minéral renferme souvent des traces de métaux

rares : l'iridium, le gallium et le thallium, et quelquefois de l'or et de l'argent.

La blende se trouve communément en filons accompagnant la galène, la sidérose, la pyrite. le cuivre gris, etc., la barytine, la fluorine, le quartz. Elle accompagne aussi des minerais d'argent.

Elle se trouve par conséquent sur presque tous les points de la France. C'est dans celle de la mine de Pierrefite, vallée d'Argelès (Pyrénées), que M. Lecoq du Boisbaudran a découvert le gallium. Les plus beaux cristaux viennent de l'Isère (Laffrey, Vizille).

Greenockite CdS.

Cadmium sulfuré.

La greenockite est hexagonale et hémimorphe. La cassure est conchoïdale, brillante. Éclat adamantin et résineux, couleur jaune citron ou jaune orangé. Presque transparente.

Dans le tube fermé, elle donne un enduit de couleur rouge carmin à chaud et jaune à froid. Dans le tube ouvert, des vapeurs sulfureuses. Sur le charbon un enduit rouge brun. Elle est soluble dans l'acide chlorhydrique en donnant de l'hydrogène sulfuré.

Pierrefite (Basses-Pyrénées), où elle accompagne la blende.

Millérite NiS.

Hartrite, nickel sulfuré, fer sulfuré capillaire.

Substance d'une couleur jaune laiton à éclat métallique. Densité 5,26 à 5,30. Dureté 3 à 3,5.

La millérite, qui se présente souvent en cristaux capillaires, élastisque, cristallise dans le système hexagonal.

Dans le tube ouvert, la millérite donne des vapeurs sulfureuses.

Elle fond sur le charbon et donne un globule avec le borax et le sel de phosphore ; on obtient facilement la couleur caractéristique du nickel.

Se trouve généralement dans les cavités et sur les autres cristaux.

Nickeline NiAs.

Nickel arsenical.

Se présente presque toujours en masses amorphes d'une couleur rouge cuivreux, à éclat métallique, à cassure inégale et grenue. Rhomboédrique.

Sa densité est 7,65 à 6 et sa dureté 5,5.

Avec le briquet, la nickeline donne des étincelles et une odeur alliacée due à l'arsenic. Avec le borax elle donne la perle caractéristique du nickel, qui est jaune rougeâtre à chaud et incolore à froid.

Elle se dissout dans l'acide nitrique en lui donnant une couleur verte.

Mine de Challanches, Barèges.

L'arite est une nickeline renfermant de l'antimoine ; on la trouve à Ar, dans l'Ariège.

Breithauptite NiSb.

Nickel antimonial.

Se présente le plus souvent en tablettes hexagonales, tronquées sur les arêtes des bases du prisme avec des stries hexagonales sur ces dernières faces, et souvent en dendrites et en petites masses disséminées. La couleur est rouge de cuivre clair passant au bleu violâtre. Les bases des cristaux sont très brillantes. La poussière est brun rougeâtre. Opaque.

La densité est 7,5 et la dureté 5.

Au chalumeau on obtient facilement un globule métallique. Dans le tube, la Breithauptite donne des fumées antimoniales. Sur le charbon elle donne des vapeurs antimoniales et un enduit blanc. Si la Breithauptite renferme du plomb, il se forme un enduit jaune près de l'essai.

Filon d'Ar.

Traitée avec le carbonate de soude, on peut mettre en évidence, dans beaucoup d'échantillons, les vapeurs arsenicales.

Sulfures (1), Arséniures, etc., $R^n X^n$ $m < n \dfrac{m}{n} < \dfrac{1}{2}$.

Pyrrhotine $Fe^{11}S^{12}$
Polydymite $(Ni, Fe, Co)^4S^5$
Linnéite $(Ni, Co, Fe)^3S^4$
Beyrichite $(Ni, Fe)^5S^7$
Leucopyrite Fe^3As^4

Nous étudierons la pyrrhotine et la leucopyrite.

Pyrrhotine $Fe^{11}S^{12}$.

Fer sulfuré magnétique, Leberkise.

La pyrrhotine se présente en cristaux hexagonaux aplatis et le plus souvent en masses à structure granulaire. Cassure inégale et conchoïdale brillante. Clivage parallèlement à la base du prisme.

---

(1) Les sulfures de ce groupe sont intermédiaires entre ceux qui ont pour formule $R^n X^n$ et $R^n X^{2n}$. On voit que les cinq minéraux cités ont la formule $R^n X^{n+1}$.

La couleur de la pyrrhotine est intermédiaire entre le jaune de bronze et le rouge de cuivre. Poussière gris noirâtre. Éclat métallique.

La densité est 4,5 et la dureté 4 environ.

La pyrrhotine ne change pas dans le tube fermé et donne des vapeurs sulfureuses dans le tube ouvert. Sur le charbon et au feu de réduction donne une masse magnétique, au feu d'oxydation, il se forme de l'oxyde de fer. Elle se dissout dans l'acide chlorhydrique, en donnant de l'hydrogène sulfuré.

Salligon (Vallée de Luz), Hautes-Pyrénées, Bonneval, Le Puy, Var.

Leucopyrite Fe^3As^4.

La leucopyrite a une couleur blanc d'argent, se présente en masses à cassure grenue et inégale, très fragile.

Poussière grisâtre.

Dureté 5 à 5,5. Densité de 6 à 8,7.

Au chalumeau donne les réactions de l'arsenic.

Mine de Challanches (Isère), Chanteloube (Haute-Vienne).

Sulfures (1), etc., de la formule R^nX^{2n}.

a) *Formes cubiques :*
    Pyrite FeS^2
    Hauérite MnS^2
    Cobaltine $(Co, Fe)AsS$
    Gersdorffite $(NiFe)AsS$
    Koryñite $(NiFe)(AsSb)S$
    Ullmannite $NiSbS$
    Smaltine $(Co, Ni, Fe)As^2$
    Cloanthite $(Ni, Co, Fe)As^2$

(1) Les sulfures de la forme R^nX^{2n} forment deux séries : une contenant les minéraux cubiques et la seconde les minéraux rhom-

b) Formes rhombiques :
   Marcasite FeS²
   Mispickel Fe(AsS)²
   Danaïte (FeCo) (AsS)²
   Lollingite FeAs²
   Wolfachite (Ni, Fe) (As, S, Sb)²
   Safflosite (Co, Fe, Ni)As²
   Rammelsbergite (Ni, Co, Fe)As²

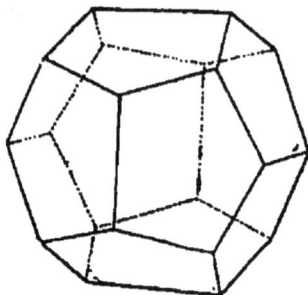

Fig. 65.

Pyrite FeS².

Fer sulfuré. Pyrite cubique.

La pyrite cristallise en cubes, en octaèdres, en dodé-caèdres pentagonaux (fig. 65).

Elle présente souvent sur les faces des stries qui existent aussi dans la cobaltine, et qui se trouvent dans trois directions rectangulaires, parallèles aux axes du cube.

La couleur est le jaune laiton. La poussière est noi-râtre. L'éclat est métallique. Cassure inégale et con-choïdale. Pas de clivage distinct (pl. XVII).

biques. Les formules ci-contre montrent de la façon la plus évi-dente le remplacement d'un des métaux par un autre. Le métal placé le premier se trouve en plus grande quantité que ceux qui le suivent.

$$R = Fe, Mn, Co, Ni$$
$$X = S, As, Sb$$

Elle est souvent maclée en croix.

Densité 4,8 à 5,2. Dureté 6 à 6,5. La pyrite fait donc feu au briquet.

La pyrite s'altère au contact de l'air, mais elle est inaltérable à l'eau. A la flamme d'une bougie, elle se transforme en fer magnétique en dégageant de l'acide sulfureux, dont l'odeur est très caractéristique. Le changement est beaucoup plus rapide au chalumeau. Elle est insoluble dans l'acide chlorhydrique, mais elle dégage de l'hydrogène sulfuré avec l'acide azotique.

La pyrite se trouve dans toutes les roches qu'elles soient anciennes ou récentes. Elle s'y trouve en cristaux ou bien en filons, en nodules sphéroïdaux.

On la rencontre sur presque tous les points de la France. Deville (Ardennes), Ferrières (Basses-Pyrénées), Fitou (Aude), Vizille, etc., etc.

Ullmannite NiSbS.

Nickel antimonié sulfuré.

L'ullmanite cristallise dans le système cubique, le clivage est très net suivant les faces *p*. La cassure est inégale. Éclat métallique, couleur blanc d'étain ou gris de plomb. Dureté 5. Densité 6,7.

Au chalumeau, dans le tube ouvert donne un sublimé jaunâtre d'oxyde d'antimoine. Donne un globule brillant sur le charbon et une auréole blanche. Se dissout dans l'acide azotique chaud et donne une couleur vert pomme à la solution, couleur des sels de nickel.

Mine d'Ar près d'Eaux-Bonnes (Basses-Pyrénées).

Smaltine (Co, Ni, Fe)As².

Cobalt arsenical.

Ce minéral est en cristaux comme la pyrite ou bien est massive. Elle présente des clivages distincts. La cassure est granuleuse et inégale. La couleur est le blanc d'étain. Éclat métallique. Poussière gris noir. Densité 6,5. Dureté 5,5.

Dans le tube fermé, la smaltine donne un sublimé métallique, et dans le tube ouvert un sublimé blanc. Par simple percussion on peut provoquer le dégagement d'une odeur alliacée.

Accompagne les minerais de nickel et de cobalt.
Allemont, Jusset.

Cloanthite (Ni, Co, Fe)As².

Elle contient les mêmes éléments que la smaltine, mais c'est le nickel qui prédomine, tandis que, dans la smaltine, c'est le cobalt.

La densité et la dureté de la cloanthite sont les mêmes.

Les propriétés pyrognostiques sont aussi identiques.
On la trouve à Allemont.

Marcasite FeS².

Pyrite blanche, fer sulfuré blanc, sperkise, pyrite prismatique.

La marcasite est la 2ᵉ forme que présente le sulfure de fer. Elle est orthorhombique et se présente le plus

souvent en cristaux, mais elle peut être en masses globulaires, réniformes, etc.

La marcasite est blanc jaunâtre et sa poussière est
brun verdâtre. Elle se clive suivant les faces du prisme.

Densité 4,9. Dureté 6. Elle est donc un peu moins
dure et moins dense que la pyrite jaune.

Au chalumeau, elle se comporte comme la pyrite ;
mais sa couleur et sa forme cristalline permettent immédiatement de distinguer les deux espèces.

Dans les environs de Paris elle forme des masses
globulaires connues sous le nom de pierres de foudre.

Givet, Le Tréport, Louvie, Epernay, etc.

Sulfures, etc., dont la formule est R″X ou R′²X.

a) Minéraux cubiques :
 Galène PbS
 Argentite Ag²S

b) Minéraux hexagonaux :
 Chalcosine Cu²S
 Acanthite Ag²S

c) Minéraux rhombiques :
 Dyscrase Ag²Sb

$$R' = Pb, Ag^2, Cu^2$$
$$X = S, Sb$$

Les minéraux les plus intéressants de cette série sont
la galène, la chalcosine et le dyscrase.

Galène Pb S.

Plomb sulfuré.

C'est le plus important de tous les minerais de plomb.
Le clivage cubique est très facile. Elle est d'un gris
bleuâtre. Sur les cassures fraîches, elle a un éclat
métallique très vif qui se ternit à l'air. La couleur de-

vient alors plus foncée. Elle est le plus souvent cristallisée (le cube et le cubo-octaèdre sont fréquents
(fig. 66 et 67) ou en masses cristallines. Dans ce cas
elle est saccharoïde, grenue, compacte. Elle se distingue facilement de la stibine à laquelle elle ressemble par ses clivages (pl. XV).

Densité 6. Dureté 3.

Dans la galène, le plomb peut être remplacé en plus

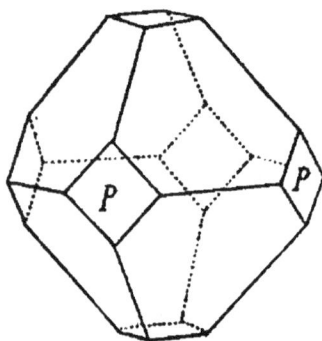 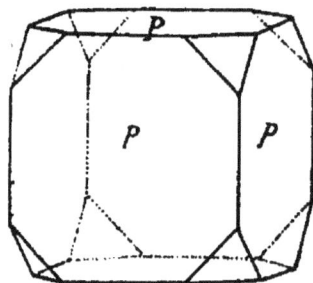

Fig. 66.   Fig. 67.

ou moins grande quantité par de l'argent. D'après l'as
pect extérieur du minéral on peut reconnaître à peu
près sa richesse en argent. Les galènes à grandes lames,
surtout celles qui sont bien cristallisées, sont en général
pauvres en argent. Les galènes à petites lamelles, surtout à faces courbes et surtout les galènes à cassure
grenue, d'un bleu intense, sont en général riches en
argent. Les galènes à structure tout à fait compacte
sont pauvres en argent.

La galène décrépite au chalumeau, puis elle donne
une odeur sulfureuse et, sur le charbon, une auréole
jaunâtre de plomb. Un bouton métallique se produit.

Elle est soluble dans l'acide azotique.

La galène se rencontre dans les filons métallifères. Poullaouen, Huelgoat (Bretagne), Villefort (Lozère), etc.

Chalcosine Cu^2S.

Cuivre sulfuré, cuivre vitreux, redruthite, chalcosite.

La chalcosine est orthorhombique et hémiédrique. Elle est opaque et a une couleur gris d'acier. Souvent elle montre à sa surface une couleur irisée qui est due à l'altération de la substance. Cassure conchoïdale ; très fragile (pl. XI).

La densité est 5,5 à 5,8. Dureté 2,5 à 3.

La chalcosine fond a la flamme d'une bougie. Sur le charbon elle fond en bouillonnant et en éclaboussant. Il se produit de l'acide sulfureux caractérisé par son odeur et un globule de cuivre rouge.

Dans le tube ouvert elle donne de l'acide sulfureux.

Soluble dans l'acide chlorhydrique en donnant une couleur verte au liquide. Colore la flamme en bleu.

Dyscrase Ag^2Sb.

Argent antimonial.

Le dyscrase est orthorhombique. Il est légèrement cassant, possède l'éclat métallique. Sa couleur est le blanc d'argent passant à la surface au jaune ou au gris noirâtre. Il se présente cristallisé ou en masses cylindroïdes, granulaires, amorphes.

Fond sur le charbon et donne un globule d'argent.

L'enduit sur le charbon est blanc et est formé par de l'acide antimonieux.

Il est soluble dans l'acide azotique et donne un précipité d'oxyde d'antimoine.

Le dyscrase est un produit accidentel des mines argentifères.

On le trouve à Allemont, dans les mines de Challanches où il est associé à la smaltine, à la calcite et au quartz hyalin.

Groupes dont la formule est R″X, R étant bivalent.

a) *Cubiques :*
    Métacinabre HgS
    Onofrite Hg(S,Se)
    Tiemanite HgSe
    Coloradoite AgTe

b) *Rhomboédriques :*
    Covelline CuS
    Cinabre HgS, deuxième
      forme du sulfure de
      mercure.

$$R = Hg, Cu$$
$$X = S, Se, Te$$

Les sulfures, séléniures de ce groupe sont très rares, excepté le cinabre qu'on ne trouve cependant qu'en très faible quantité en France.

Cinabre HgS.

Mercure sulfuré.

Le cinabre se présente en masses cristallines rouges. Souvent cette couleur est un peu altérée par suite de la présence de matières étrangères, mais la poussière a toujours une teinte de vermillon. Les cristaux, rhomboédriques, sont assez rares. Ils ont un indice de réfraction supérieur à celui du diamant.

La densité est 8 et la dureté 205.

Le cinabre est très facile à reconnaître. Dans le tube ouvert, il se décompose et donne des gouttelettes de mercure qui viennent se déposer sur les parois du tube, se volatilise entièrement au feu du chalumeau.

On le trouve à Ménilot (Manche), à Réalmont (Tarn), etc.

Sulfosels.

Ce sont des composés à formules complexes et pouvant être considérés comme résultant de la combinaison de deux corps binaires. Les minéraux appartenant à ce groupe sont très nombreux, mais beaucoup d'entre eux sont très rares. Comme pour les autres composés, un des éléments peut être remplacé par un autre, aussi la composition de ces minéraux peut être parfois très complexe et varier suivant les localités. Les principaux sont :

Erubescite FeS^3Cu^3........ $\}$ sulfoferrites de cuivre
Chalcopyrite FeS^2Cu....... $\}$
Berthiérite Sb^2S^4Fe........ $\}$ $X^2S^3.RS \quad X = AsSb$
Zinckénite Sb^2S^4Pb... .... $\}$
Dufrénoysite $As^2S^5Pb^2$..... $\}$ $X^2S^3.2RS$
Jamesonite $Sb^2S^5Pb^2$....... $\}$
Boulangérite $Sb^2S^6Pb^3$..... $\}$ $X^2S^3.3RS$
Bournonite $Sb^3S^6Pb^2Cu^2$... $\}$
Proustite AsS^3Ag^3.................... $\}$
Tennantite $\}$ As^2S^7 $(Cu^2, Fe, Zn)^4$.... $\}$ $X^2S^3.4RS$
Tétraédrite $\}$ Sb^2S^7 $(Cu^2, Ag^2, Fe, Zn)^4$ $\}$

Érubescite FeS^3Cu^3.

Bornité, cuivre panaché, phillipsite, cuivre pyriteux hépatique.

L'érubescite est cubique, mais elle se présente rarement en beaux cristaux, qui sont alors en octaèdres. Souvent elle est en masse et à structure granulaire ou compacte. La cassure est un peu conchoïdale, inégale, brillante. L'éclat est métallique et la couleur se rapproche un peu de celle du cuivre rouge ; mais généralement l'érubescite présente des irisations qui produisent la couleur gorge de pigeon. La poussière est noire (pl. XVIII).

La densité est 4,4 à 4,5 et la dureté de 3 à 4.

Sur le charbon, l'érubescite donne un globule magnétique. Dans le tube fermé, il se produit un sublimé de soufre et dans le tube ouvert des fumées sulfureuses, mais pas d'enduit.

Soluble dans l'acide nitrique avec séparation de soufre. La liqueur donne les réactions du cuivre et celles du fer.

Se trouve dans les mines de cuivre ; elle forme même un excellent minerai.

Chalcopyrite FeS^2Cu.

Cuivre jaune, pyrite cuivreuse, cuivre pyriteux (pl. XI).

Elle cristallise dans le système du prisme droit à base carrée et se présente généralement en beaux cristaux tétraédriques, souvent maclés, très brillants. La couleur est jaune, l'éclat métallique et la cassure inégale. Poussière vert noirâtre.

Densité 4. Dureté 3,5 à 4.

Décrépite dans le tube fermé. Sur le charbon, donne un globule magnétique. Avec la soude, on obtient un globule de cuivre. Se dissout dans les acides en donnant une couleur verte.

La chalcopyrite se trouve en filons dans les gneiss et les schistes cristallins. Baygory, Tenez, Langeac.

Berthiérite Sb^2S^4Fe.

Fer antimonial sulfuré.

La berthiérite forme des masses prismatiques allongées, à structure bacillaire, analogues à celle de la stibine.

La couleur est gris de fer et dépourvue de la nuance bleue caractéristique de l'antimoine. Sa surface est couverte de teintes irisées. Son éclat est moins vif sur la cassure que dans la stibine, mais plus vif sur les faces.

Densité 4, dureté 2,5.

Fond au chalumeau, mais pas à la flamme d'une bougie.

Découverte par Berthier près du village de Chazelles (Puy-de-Dôme).

Zinkénite Sb^2S^4Pb.

La zinkénite, qui est orthorhombique, a les faces latérales des cristaux striées, et se présente le plus souvent en masses fibreuses.

La couleur est le gris. Éclat métallique. Opaque. Pas de clivage.

Densité 5,3. Dureté 3 à 3,5.

La zinkénite décrépite et fond très facilement. Est entièrement volatilisée sur le charbon en donnant un enduit blanc à l'extérieur et jaune près de l'essai.

Soluble dans l'acide chlorhydrique.

Pontgibaud (Puy-de-Dôme).

7

Dufrénoysite $As^2S^5Pb^2$.

La dufrénoysite se présente en cristaux prismatiques, quelquefois tabulaires ou en masse. Couleur gris de plomb. Eclat métallique, poussière rouge brun. Clivage parallèle à la base ; cassure conchoïdale.

Densité 5,5. Dureté 3.

La dufrénoysite est facilement fusible en donnant un sublimé de soufre et de sulfure d'arsenic.

Soluble dans l'acide chlorhydrique.

Saint-Gothard.

Jamesonite $Sb^2S^5Pb^3$.

Mine d'antimoine aux plumes. Antimoine sulfuré capillaire.

La jamesonite est orthorhombique et se présente souvent en cristaux capillaires, d'où le nom d'antimoine sulfuré capillaire que Haüy avait donné à cette variété. Quelquefois elle est en masses fibreuses, en masses compactes.

Le clivage suivant la base est parfait. La cassure est conchoïdale et inégale. L'éclat est métallique et la couleur gris de plomb. Opaque.

La jamesonite décrépite et fond très facilement ; dans le tube fermé elle donne un sublimé de soufre et de l'antimoine sulfuré.

Dans le tube ouvert, on a un dégagement de vapeurs de soufre et un dépôt blanc d'oxyde d'antimoine.

Soluble dans l'acide chlorhydrique avec dégagement d'hydrogène et formation de chlorure de plomb. Les

réactions sont donc les mêmes que celles de la zinkénite.

La jamesonite se trouve à Pont-Vieux (Puy-de-Dôme),
elle renferme de l'or.

Boulangérite $Sb^2S^6Pb^3$.

Plomb antimonié sulfuré.

La boulangérite se présente en masses plumeuses
dans les fractures des roches cristallines. Elle se présente aussi en masses granulaires et compactes.

Eclat métallique. Couleur gris de plomb bleuâtre.
Souvent le minéral est recouvert d'un dépôt jaune dû
à l'oxydation. Opaque.

La densité est de 5,75 à 6 et la dureté 2,5 à 7.

Au chalumeau elle se comporte comme la zinkénite.

Elle se trouve en abondance à Molières, département
du Gard.

Bournonite $Sb^2S^6Pb^2Cu^2$.

Antimoine sufuré plumbo-cuprifère.

Ce minéral à éclat métallique, d'une couleur gris de
fer ou d'acier, cristallise dans le système rhombique.
L'angle des faces *mm* est de 94°,40. La densité est 5,7 à
5,9 et la dureté 2,5. Très fragile (pl. XIII).

Les cristaux se maclent suivant les faces du prisme,
et comme ils sont aplatis suivant la base *p*, les 4 cristaux, réunis, ont l'apparence d'une croix à bras très
courts ou d'un pignon d'engrenage.

Cette substance est fusible au chalumeau et dégage
des fumées blanches. Il se produit un globule blanc

formé de plomb et de cuivre. Dans le tube fermé elle décrépite et donne un sublimé rouge.

Elle se rencontre dans plusieurs gisements métallifères et en particulier à Corbières, Pontgibaud, etc.

Proustite AsS^3Ag^2.

Argent rouge arsenical.

La proustite est rhomboédrique et hémimorphe. Souvent elle se présente en rhomboèdres aigus ou en scalénoèdres. La cassure est conchoïdale, inégale et brillante. Eclat adamantin. Couleur vermillon écarlate. Transparente ou translucide (pl. VI).

La densité est 5,57 à 5,64 et la dureté 2 à 2,5.

Dans le tube fermé, la proustite fond facilement et donne un sublimé de trisulfure d'arsenic. Dans le tube ouvert, il se dégage des vapeurs sulfureuses et il se forme un enduit blanc d'acide arsénieux. Elle fond sur le charbon et émet une odeur de soufre et d'arsenic. On peut obtenir un globule d'argent pur par une chaleur prolongée ou peu d'oxydation.

Challanches.

Stannine SnS^4Cu^2Fe.

Etain sulfuré, stannite.

La stannine est cubique et possède un clivage suivant les faces du cube. Cassure inégale. Elle a un éclat métallique, une couleur noir de fer, quelquefois un peu bleuâtre. Opaque.

La stannine se présente en masses ou en granules.

Densité 4,3 à 4,5. Dureté 4.

Dans le tube fermé la stannine décrépite et donne un sublimé; dans le tube ouvert des fumées sulfureuses. Sur le charbon elle fond en un globule.

Elle se dissout dans l'acide azotique en produisant un dépôt de soufre et de bioxyde d'étain.

La stannine se trouve en quantité considérable dans le granit du mont Saint-Michel.

Tétraédrite As^{2}S^7(Cu^2,Ag^2,Fe,Zn)^4 et *tennantite*.

Panabase, cuivre gris :

La tétraédrite et le tennantite ont des formes absolument identiques, mais la première contient de l'antimoine tandis que le second contient de l'arsenic; il existe tous les passages entre les deux types extrêmes. Le soufre, le cuivre, l'antimoine ou l'arsenic forment les éléments les plus importants de ce minéral. Le cuivre n'est remplacé par l'argent, le fer et le zinc qu'en faible proportion. Les cristaux de panabase, nom sous lequel sont généralement connues les deux espèces, se présentent généralement en tétraèdres réguliers, modifiés souvent sur les angles (fig. 68). Quelquefois

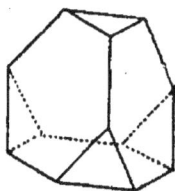 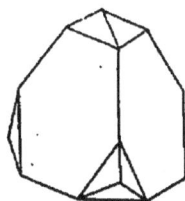

Fig. 68.   Fig. 68 *bis*.

on observe aussi des cristaux octaédriques. Dans ce cas une moitié des faces correspondant à un tétraèdre est brillante, alors que l'autre moitié, constituée par celles qui formeraient le tétraèdre inverse sont ternes (fig. 68 bis).

La tétraédrite et la tennantite ont une couleur gris d'acier et un éclat métallique, mais la tennantite est plus foncée. Elles sont fragiles et la cassure est brillante et finement grenue.

Densité 3,5, et dureté de 4 à 5.

Au chalumeau, ces deux minéraux se boursouflent et donnent des vapeurs d'antimoine ou d'arsenic, souvent les deux à la fois. Ils sont solubles dans l'acide nitrique en donnant un précipité blanc d'acide antimoineux.

Ils se trouvent dans les gisements métallifères.

TROISIÈME CLASSE

CHLORURES, IODURES, BROMURES ET FLUORURES

1° Formule RCl. R monoatomique.

a) *Série cubique :*
    Sylvine KCl
    Sel gemme NaCl
    Salmiak AzH^4Cl
    Kérargyre AgCl
    Bromargyrite Ag(Br)

Le chlore peut être remplacé par de l'iode ou du brome et former ainsi d'autres espèces minérales.

b) *Série hexagonale :*
    Iodyrite AgI

2° Formule $R'Cl^2$. R' diatomique.

Fluorine $CaFl^2$

3° Formule R''^2Cl^2. R'' diatomique.

Calomel Hg^2Cl^2

Sylvine KCl.

Elle ressemble beaucoup au sel marin, et elle est un peu moins dense et moins dure. Donne une couleur violacée à la flamme, tandis que le sel gemme la colore en jaune.

Sel gemme NaCl.

Le sel gemme est le plus souvent en cubes, en masses granulaires ou compactes. Clivage très facile suivant les faces du cube. Cassure conchoïdale. Incolore, blanc, bleu, jaune, rougeâtre, etc. Transparent.

Densité 2,2. Dureté 2,5.

Les gisements de sel gemme se trouvent dans des tertiaires appartenant aux différentes périodes, associés au gypse, à l'anhydrite, à l'argile, etc.

Vic et Dieuze (Meurthe-et-Moselle) sont les deux gisements importants.

Salmiac AzH^4Cl.

Ammoniaque muriatée.

Il ne fond pas dans le tube fermé comme les deux précédents, mais se sublime. En dissolution dans l'eau et chauffé avec un alcali, le salmiac dégage des vapeurs ammoniacales.

A Saint-Etienne sur de la houille.

Fluorine $CaFl^2$.

Spath fluor.

La fluorine est cubique et se présente souvent en cristaux ayant la forme du cube plus ou moins modifié,

de l'octaèdre, ou en masses granulaires ou compactes.
Le clivage est parfait suivant les faces de l'octaèdre.

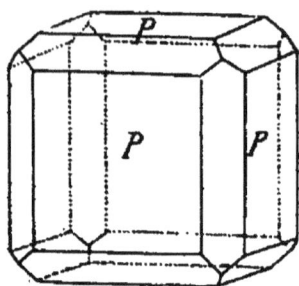

Fig. 69.

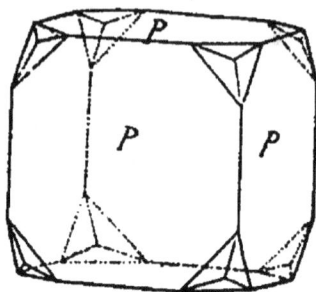

Fig. 70.

Cassure conchoïdale. La fluorine est incolore, blanche, violette, bleue, verte, jaune, etc. La couleur est

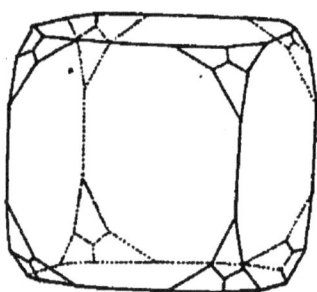

Fig. 71.

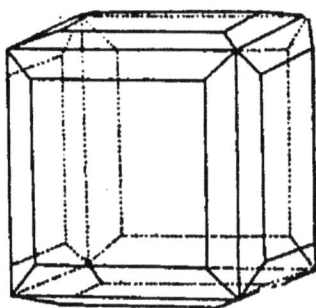

Fig. 72.

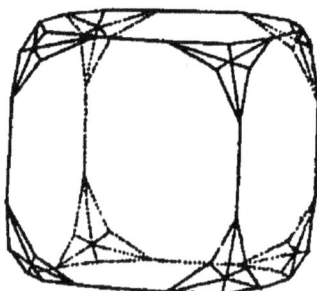

Fig. 73.

due à des hydrocarbures. Poussière blanche. Transparente et souvent fluorescente (pl. I).

Densité 3,2. Dureté 4.

Dans le tube fermé, la fluorine décrépite et est phosphorescente. Elle fond et colore la flamme en rouge. Quand on la traite par l'acide sulfurique, elle dégage de l'acide fluorhydrique qui dépolit le verre.

La fluorine se trouve généralement en filons dans le gneiss, les micaschistes, les calcaires, etc.; elle accompagne généralement les minerais dans les filons métallifères, aussi la trouve-t-on dans un grand nombre de localités : Romanèche, Roumiga (H.-P.), Neuilly, Chenelette.

La fluorine est employée pour préparer le fluor. Elle est aussi utilisée comme pierre d'ornement pour la confection de vases, de lentilles.

Chlorofluorures.

Carnallite $MgCl^2.KCl.6H^2O$. Rhombique.
Cryolite $AlF^3.3NaF$

Ces deux minéraux ne se trouvent pas en France.

Oxychlorures.

Parmi eux nous citerons l'atacamite, $Cu(OH)Cl$, $Cu(OH)^2$ et à la suite :

> la cumengéite,
> la boléite,
> la pseudoboléite,
> la percylite,

qui sont de très belles espèces minérales qu'on rencontre au Boléo.

Atacamite $Cu^2ClH^3O^3$.

Cuivre muriaté. Sable vert cuivreux du Pérou.

L'atacamite est orthorhombique et se présente en cristaux striés verticalement, en agrégats cristallins, en masses fibreuses granulaires compactes et sablonneuses. La couleur est verdâtre, l'éclat est adamantin. Transparente.

Densité 3,7. Dureté 3 à 3,5.

Dans le tube fermé il y a dégagement d'eau avec formation d'un sublimé gris, réactions du cuivre et du chlore.

Ce minéral n'existe pas en France; mais M. Daubrée a observé à Bourbonne-les-Bains la formation de cristaux d'adamine sur des monnaies romaines de bronze.

QUATRIÈME CLASSE

OXYDES

PREMIER GROUPE. — Oxydes anhydres.

Molybdine MoO^3.

Acide molybdique.

La molybdine se présente en masses cristallines, fibreuses et radiées ou pulvérulentes, formant quelquefois des enduits. L'éclat est nacré. La couleur est jaunâtre ou verdâtre.

La dureté est très faible 1 à 2. La dureté 4,5.

Fusible au chalumeau. Soluble dans les acides. Donne les réactions du molybdène.

On la trouve à Cieux (Haute-Vienne), où elle recouvre le wolfram, et en Corse.

Meymacite $WO^3,2H^2O$.

La meymacite, étudiée par M. Ad. Carnot, est un produit d'altération de la schélite.

Elle a par conséquent les clivages de cette espèce. Sa couleur est jaune ou jaune verdâtre. Quand la transformation est complète, la meymacite est friable et a une couleur un peu plus foncée. L'éclat est résineux.

La densité est de 3,8 à 4,5.

Dans le tube fermé la meymacite donne de l'eau. Sur le charbon elle devient noire. Avec le sel de phosphore donne au feu d'oxydation une perle jaune, peu colorée à froid. Au feu de réduction donne une perle dont la couleur va du violet au rouge (fer tungstène).

La meymacite se trouve à Meymac (Corrèze), où elle est associée au wolfram et à la schéelite.

Sénarmontite Sb^2O^3.

Antimoine oxydé octaédrique.

La sénarmontite est cubique et se présente généralement sous la forme d'octaèdres, quelquefois elle est en masse ou forme des croûtes. La couleur est blanc grisâtre quand les cristaux sont colorés. Eclat résineux, transparent ou translucide.

Dans le tube fermé, la sénarmontite fond et se sublime partiellement. Fond facilement sur le charbon en donnant un enduit blanc. Soluble dans l'acide chlorhydrique.

La sénarmontite provient de la décomposition de la stibine et des autres minéraux d'antimoine. On la trouve en très beaux cristaux en Algérie et en petits cristaux octaédriques blancs sur des échantillons de stibine à Anzat-le-Lugnet (F. Gonnard).

Valentinite Sb^2O^3.

Exitète, antimoine oxydé, acide antimonieux.

La valentinite est en cristaux orthorhombiques, radiés, agrégés ou en masse à structure lamellaire ou granulaire. Clivage facile parallèlement à y. Eclat adamantin. Couleur variable, blanche, rosée, brunâtre. Poussière blanche. Translucide.

La valentinite a la même composition que la sénarmontite et présente par conséquent les mêmes caractères au chalumeau.

Elle accompagne les minerais d'antimoine et provient de leur altération.

On la trouve à Allemont.

Cervantite Sb^2O^4.

Acide antimonieux.

La cervantite cristallise en aiguilles orthorhombiques ; souvent elle forme des croûtes ou est en poudre.

L'éclat est variable, nacré ou perlé, brillant ou terreux. La couleur est jaune isabelle, jaune de soufre, ou presque blanche, quelquefois rouge blanc.

Densité 4. Dureté 4 à 5.

La cervantite est infusible et inaltérable au chalumeau. Sur le charbon elle est réduite facilement. Elle est soluble dans l'acide chlorhydrique.

Elle provient de l'altération, au contact de l'air, des minerais d'antimoine.

On la trouve à Chazelles en Auvergne.

Stibiconise $H^2Sb^2O^5$.

On ne l'a pas observée à l'état cristallisé. Elle est massive, compacte, en poudre ou formant des croûtes.

La couleur va du jaune pâle au blanc rougeâtre. Eclat perlé ou terreux.

Densité 5,2. Dureté 4,5 à 6.

Donne de l'eau dans le tube fermé sans fondre. Sur le charbon décrépite, fond avec difficulté en donnant une scorie grise et un émail blanc.

On la trouve en enduit à Chazelles. D'après Dufrénoy, l'eau qu'elle renferme est hydrométrique.

Oxydes de la formule RO^2.

Quartz.	SiO^2
Tridymite.	—
Zircon.	$TiSiO^2$
Rutile.	TiO^2
Brookite.	—
Anatase.	—
Cassitérite.	SnO^2
Pyrolusite.	MnO^2

Quartz SiO^2.

Cristal de roche, silice anhydre cristallisée.

Le quartz cristallise dans le système rhomboédrique. L'angle $pp = 94°,15$. Le rhomboèdre primitif est très rare. Généralement le quartz se présente en prismes hexagonaux terminés par une pyramide à 6 faces (fig. 79), Ces dernières sont très souvent inégalement développées. Trois correspondent aux faces du rhomboèdre, les autres à des troncatures sur les angles *e*.

La densité est 2,5 à 2,8. La dureté 7. Ce corps raie le verre et tous les minéraux à l'exception des pierres

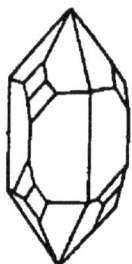
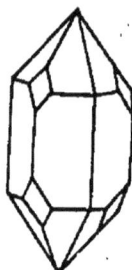
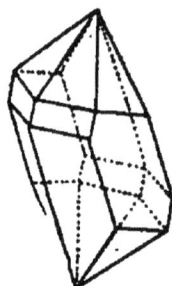

Fig. 74.   Fig. 75.   Fig. 76.

précieuses. Il fait feu au briquet. Il est phosphorescent, et électrique par frottement. Il est infusible au chalu-

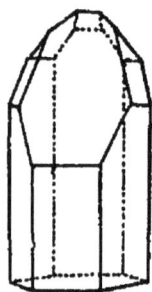
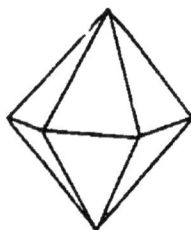

Fig. 77.   Fig. 78.   Fig. 79.

meau, mais il est fusible à la flamme oxyhydrique (Gaudin) et donne un liquide visqueux s'étirant en fils comme le verre. L'acide fluorhydrique est le seul acide qui l'attaque. La soude l'attaque facilement. Fondu avec cette dernière, il donne un verre. Il se dissout aussi dans la potasse, lorsqu'il a été fondu.

Le quartz peut se présenter en cristaux ou bien être concrétionné.

Dans le premier cas, sa couleur est très variable. Souvent il renferme des inclusions très petites et très nombreuses qui lui donnent l'aspect laiteux. Quelquefois la cavité est remplie d'un liquide avec une bulle qui se meut et qui indique justement la présence du liquide. Dans ce cas les inclusions sont visibles à l'œil nu.

Plusieurs variétés ont été caractérisées par la coloration :

Le *cristal de roche ou quartz hyalin* est incolore et transparent (pl. VIII).

Le *quartz enfumé* est coloré plus ou moins en noir par des carbures. Il perd sa coloration quand il est chauffé.

La variété la plus connue est celle désignée sous le nom de diamant d'Alençon, taillé comme pierre précieuse.

L'*améthyste* est colorée en violet par du manganèse et par des composés du carbone. Cette variété est employée et connue en bijouterie sous le nom d'améthyste occidentale. Les anneaux des évêques sont ornés de cette pierre.

La *fausse topaze* est colorée en jaune par la limonite.

L'*hyacinthe de Compostelle* et le *quartz hématoïde* sont colorés en rouge par le fer oligiste.

L'*œil-de-chat* est du quartz renfermant des fibres d'amiante qui lui donnent cet aspect particulier qui le fait rechercher en bijouterie.

Le *girasol* a un éclat laiteux et opalescent.

Le *quartz aventuriné* ou *aventurine* contient à l'intérieur de nombreux points de mica (pl. V).

Les cristaux de quartz sont souvent pénétrés par de fines aiguilles de rutile (cheveux de Vénus). Quelquefois les cristaux sont assez gros et présentent alors l'aspect du dessin (pl. XV).

Quand le quartz est concrétionné, il prend le nom de *calcédoine* s'il est blanc et translucide.

La calcédoine se montre souvent en zones concentriques diversement colorées, elle prend alors le nom d'*agate* (pl. V).

Si ces couches sont disposées régulièrement, elle constitue l'onyx, et les lapidaires la taillent pour faire les camées.

Suivant le nombre de couleurs et leur disposition, les agates prennent des noms différents qu'il serait trop long d'énumérer. La calcédoine, quand elle est en masse et qu'elle renferme des impuretés, prend encore des aspects très variés et forment des minéraux connus sous le nom de jaspe, silex pyromaque, silex nectique, silex corné, silex xyloïde.

Jaspe. — Le jaspe est complètement opaque et présente des couleurs variées; aussi a-t-on donné différents noms à ces variétés colorées (pl. XVIII).

Le *jaspe sanguin* a un fond vert avec des taches rouges, les anciens lui attribuaient des vertus antihémorrhagiques.

Le *jaspe égyptien* est rouge ou brun.

Le *jaspe universel* présente un grand nombre de couleurs (pl. V).

Le *jaspe commun* est rouge ou brun.

Le *jaspe héliotrope* est vert malachite ou vert olive et est tacheté de rouge (pl. XVIII).

Les jaspes sont employés comme pierres ornementales.

Le *silex pyromaque* (pierre à fusil, pierre à feu, pierre à briquet) a un aspect lithoïde, est mat et est opaque, mais translucide sur les bords. La cassure est conchoïdale.

Le *silex nectique* est très poreux, aussi surnage-t-il sur l'eau.

Le silex xyloïde provient de la transformation du bois fossilisé en silice.

L'*œil-de-tigre* est une pseudomorphose de crocidolite qui a été remplacée par des quartz (pl. XVII).

Tridymite SiO^2.

La silice peut encore cristalliser sous une autre forme et possède alors des propriétés différentes. Elle se présente en prismes hexagonaux aplatis et souvent maclés et réunis par les faces du prisme.

La densité est beaucoup plus faible que celle du quartz : elle est égale à 2,2, et la dureté est par conséquent moindre.

Soluble dans le carbonate de soude bouillant, ce qui la distingue du quartz.

Se trouve dans les roches volcaniques acides : trachytes, andésites, liparites, dolérites.

Habituellement elle est dans des cavités de la roche, associée à la sanidine, à l'amphibole hornblende, à l'augite, à l'hématite et quelquefois à l'opale.

En France, on la rencontre au Puy du Capucin (Mont-Dore) et à Alleret (Haute-Loire). M. Daubrée a trouvé de la tridymite de formation tout à fait récente à Plombières, dans des argiles romaines.

Dans les environs de Paris, à Passy, à Clamart, MM. Munier-Chalmas et Michel Lévy ont trouvé deux modifications de la calcédoine qui sont des pseudo-morphoses du gypse. Ce sont la *Quartzine* et la *Lutécite*.

Zircon ZrSiO².

Jargon, grenat à prisme quadrilatère.

Le zircon est quadratique et se présente généralement

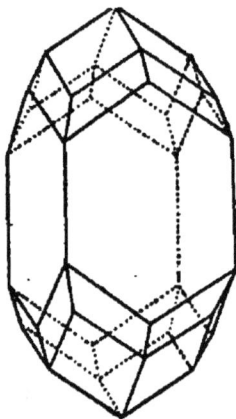 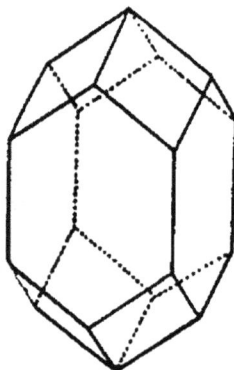 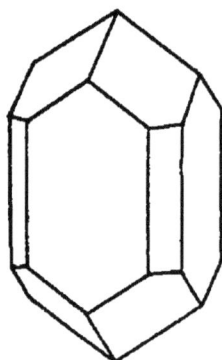

Fig. 80.   Fig. 81.   Fig. 82.

en cristaux montrant les faces du prisme et terminés par une pyramide.

La coloration est très variable, incolore, blanc, gris pâle, jaune, vert brun, rouge brun. Éclat adamantin, transparent ou opaque.

Densité 4,7. Dureté 7,5.

Le zircon est infusible au chalumeau. Mais la coloration devient plus faible. Insoluble dans les acides.

Le zircon *jacinthe* est couleur orange, ou rouge brun.
Le zircon *jargon* est jaunâtre.

Le zircon se rencontre dans les roches cristallines, et particulièrement dans le calcaire cristallin, dans les schistes chloriteux, les gneiss, les syénites, le granite.

On le trouve en cristaux rouges dans la lave d'Expailly près du Puy, dans les tufs volcaniques d'Auvergne (pl. XII).

Rutile TiO².

Schorl rouge, sagénite, crispite, titane oxydé.

Le rutile, qui se présente presque toujours à l'état cristallisé, appartient au système quadratique. Les cristaux sont assez gros et courts, simples ou maclés, ou bien en longues aiguilles. Souvent ces dernières pénètrent le quartz hyalin, comme le montre la figure de la pl. XV.

Les macles, qui sont très fréquentes, sont de deux espèces. 1° Le plan d'assemblage est parallèle à *b*, c'est la macle en genou (fig. 86). Souvent trois ou plusieurs cristaux se réunissent de cette façon (fig. 83). 2° Le plan d'assemblage est parallèle à la face plus compliquée *b* 1/3. La macle a alors une forme spéciale, d'où le nom de macle en cœur.

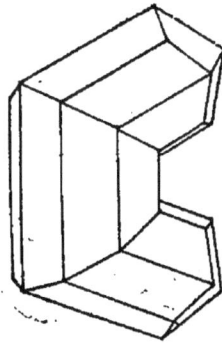

Fig. 83.

Le clivage est parfait suivant *m* et *h*. La cassure est conchoïdale. Le rutile est transparent en lames très minces, mais sous une épaisseur assez faible il est opaque. L'éclat est adamantin.

La couleur est brun rougeâtre, rouge noir, jaune. La poussière est grise.

La densité est 4,277 et la dureté 1 à 1,5.

Quand les aiguilles sont jaunâtres, très fines et sous forme de filaments, elles portent le nom de cheveux de Vénus.

Au chalumeau, le rutile n'éprouve aucun changement. Avec le sel de phosphore, il donne un verre incolore à froid. Si l'échantillon renferme du fer, la couleur violette n'apparaît qu'après traitement du globule par l'étain.

Insoluble dans les acides, mais soluble après fusion avec un carbonate alcalin.

On trouve de gros cristaux de rutile à Saint-Yves dans la Haute-Vienne.

Le rutile se trouve dans le granite, le gneiss, dans les lames de mica, dans les syénites, et quelquefois dans le calcaire granulaire et dans la dolomie.

Anatase TiO².

Schorl bleu indigo, octaédrite, oisanite, titane anatase.

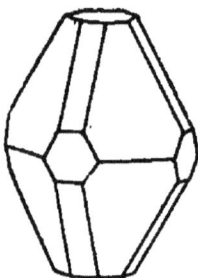

Fig. 84.

L'anatase qui cristallise dans le système quadratique comme le rutile (mais le prisme est plus court) se montre en cristaux généralement très petits, ayant la forme octaédrique. Souvent on trouve plusieurs cristaux ayant cette forme placés les uns à la suite des autres.

Dureté 5,5 à 6. Densité 3,83 à 3,93.

Les cristaux d'anatase ont les faces brillantes, la couleur est le bleu indigo, le noir, le rouge hyacinthe, le jaune de miel. Transparent sous une faible épaisseur.

Éclat adamantin, presque métallique. Le minéral est fragile et sa poussière est blanche.

Infusible au chalumeau, mais phosphorescente. Les propriétés chimiques sont les mêmes que celles du rutile.

On la trouve dans l'Oisans (Les Puits), où elle est associée au quartz, à l'épidote, à l'orthose, à l'axinite et à la brookite, à la cascade des Fréaux (Mont-Blanc), au Glacier de la Mèje (Hautes-Alpes).

Brookite TiO^2.

La brookite, qui a la même composition que le rutile et l'anatase, cristallise dans le système orthorhombique. L'angle des faces $mm = 99°,50'$.

L'éclat est adamantin, inclinant au métallique. La couleur est brun jaunâtre, brun rougeâtre, rouge hyacinthe.

La dureté est 6, la densité 4,087 à 4,137.

Au chalumeau et au feu de réduction, la brookite devient opaque et prend l'aspect d'un fragment de tôle de fer.

La brookite accompagne l'anatase, on la trouve au bourg d'Oisans, à la Tête noire près Chamonix, au Glacier de la Mèje (Hautes-Alpes).

Cassitérite SnO^2.

Etain oxydé.

La cassitérite se présente généralement en cristaux simples ou maclés ou en rognons. La macle de la cassitérite se fait suivant la face obtenue troncature sur l'arête *b*. La macle à angles rentrants est désignée par les mineurs, à cause de sa forme, sous le nom de *bec de l'étain* (pl. X).

Les prismes sont triés, les faces de l'octaèdre sont brillantes. Quand il est en cailloux roulés, il prend le nom d'*étain de bois*.

Densité 7,2. Dureté 7.

La cassitérite serait incolore et transparente, si elle

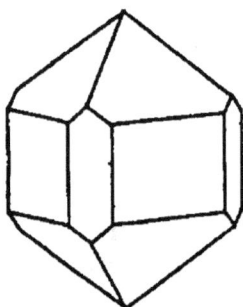 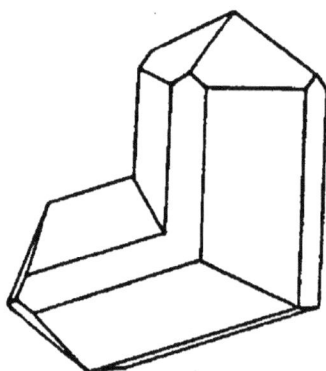

Fig. 85.   Fig. 86.

était pure, mais généralement elle a une couleur noire plus ou moins foncée, couleur due à l'oxyde de fer. Les clivages existent et se font parallèlement aux faces du prisme et aux faces *b*. La cassure est conchoïdale ou inégale.

La cassitérite est infusible au chalumeau, mais est réductible. La réduction est facilitée par la soude. Avec le borax elle fond facilement, on sait que l'oxyde d'étain est la base des émaux. Insoluble dans les acides.

Se trouve en filons dans les roches granitiques, schistes, chlorites, porphyres, etc. Elle est associée au quartz, au mica à la tourmaline.

En France on l'a trouvée en beaux cristaux à La Ville-der, à Limoges.

La *pyrolusite* (MnO^2) est noire, tendre et dégage du chlore quand on la traite par Hce. Elle se trouve à Prades, à Louderville (Htes-Pyrénées), à Anvers (Seine-et-Oise), etc.

Oxydes de la formule R^2O^3.

Corindon.	Al^2O^3.	rhomboédriques.
Oligiste.	Fe^2O^3.	—
Ilménite.	$FeTiO^3$.	—
Pseudobrookite.	$Fe^2O^3Ti^2O^3$.	
Braunite.	Mn^2O^3	quadratiques.

Corindon Al^2O^3.

Le corindon est du sesquioxyde d'alumine. Il cristallise dans le système rhomboédrique, mais le rhomboèdre primitif est très rare et le corindon se présente généralement sous la forme de prismes hexagonaux portant souvent des pyramides à leurs extrémités.

Le corindon est le corps le plus dur après le diamant, sa dureté est représentée par 9. La densité est environ de 3,9 à 4.2.

Infusible au chalumeau et inattaquable par les acides.

La dureté du corindon et sa forte réfringence en font une pierre très précieuse employée en joaillerie. Comme ce minéral présente diverses colorations, qu'il peut être bleu, rouge, jaune, violet, il fournit différentes gemmes ayant chacune un nom spécial.

Le *rubis* est de couleur rouge et est la pierre précieuse qui atteint la valeur du diamant. Il faut le distinguer du *rubis spinelle* qui est moins dur et plus léger. On donne au premier le nom de *rubis oriental*. Leplus beaux rubis d'Orient viennent de Ceylan, de l'Inde et de la Chine. Ils sont en général assez petits; quand ils atteignent une certaine taille, ce qui est très rare, leur valeur dépasse de beaucoup celle du diamant.

On fabrique à Genève des rubis vendus dans le com-

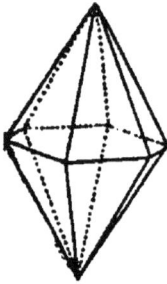 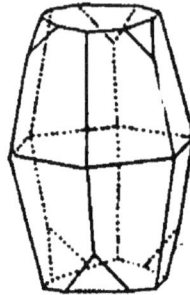 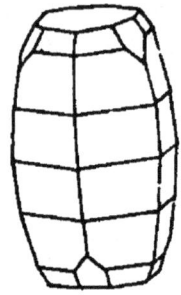

Fig. 87.   Fig. 88.   Fig. 89.

merce sous le nom de *rubis reconstitués*. Ils sont formés par de l'alumine pure comme le rubis naturel. La présence de bulles dans leur intérieur peut permettre de les distinguer de ces derniers.

Le *saphir* est le corindon bleu (pl. VII). La couleur est assez variable et va du bleu foncé au bleu très pâle. La valeur du saphir est moindre que celle du rubis. Un des plus beaux se trouve à la galerie de minéralogie du Muséum d'histoire naturelle. Il pèse 132 carats 1/16 et a la forme d'un rhomboèdre. Il provient des diamants de la couronne. Trouvé au Bengale par un pauvre diable qui faisait le commerce de cuillers en bois, il appartint successivement à la maison Rospoli de Rome, à un prince allemand, à un joaillier de Paris, Perret, qui l'acheta 170.000 francs.

Le corindon vert (*émeraude orientale*) est très rare. Il vient de Matoúla (Ceylan).

La *topaze orientale* est du corindon jaune. Sa valeur est moindre que celle du rubis, du saphir et de l'émeraude (pl. XVII).

L'*améthyste orientale* est du corindon violet. Elle est assez rare.

L'*améthyste occidentale* est du quartz hyalin violet. Les deux pierres sont faciles à distinguer. La première a une densité de 4 environ, tandis que la seconde n'a que 2,7. En outre l'améthyste occidentale est beaucoup moins dure.

Avec de l'iodure de méthylène pur (densité 3,25) l'améthyste orientale tombe au fond, tandis que l'autre surnage.

Le corindon n'est pas une substance rare dans la nature, on le trouve dans les roches volcaniques. En France, dans les volcans éteints de l'Auvergne, au Coupet on en rencontre beaucoup, mais comme ils ne sont pas très transparents, ou du moins qu'ils ne sont pas limpides, ils n'ont aucune valeur.

Oligiste Fe^2O^3.

Hématite, hématite rouge, fer oxydé rouge, fer spéculaire ou éclatant.

Il cristallise dans le système rhomboédrique, $pp = 86°,10$. La couleur est grise ou rougeâtre et la poussière est toujours rouge. L'éclat métallique est très vif. Densité 5,2. Dureté 5,5. Clivage parallèle aux faces p et a. Cassure conchoïdale (pl. XVIII).

L'oligiste peut se présenter en cristaux tabulaires, ou en écailles semblables à du mica (oligiste micacé) vu en lames très minces, éclatantes, *fer spéculaire*.

Infusible au chalumeau, au feu de réduction se trans
forme en magnétite et devient attirable à l'aimant. Di
ficilement soluble dans les acides.

Mont-Dore, Framont.

L'hématite rouge est de l'oligiste compact.

Ilménite $FeTiO^3$.

Titane oxydé ferrifère, crichtonite, paracolumbhit

Comme le fer oligiste, l'ilménite est rhomboédrique
Le plus souvent il en est en lames. Les cristaux sor
tabulaires et quelquefois en rhomboèdres aigus, que
quefois en masse compacte, en grains.

Cassure conchoïdale. Éclat métallique. Couleur noi
de fer. Opaque.

Agit légèrement sur l'aiguille métallique.

Densité 4,5 à 5. Dureté de 5 à 6.

Infusible au chalumeau.

Se trouve dans le gneiss et les autres roches crista
lines. Est souvent associé à la magnétite.

Bourg-d'Oisans.

L'isérine, qui est une variété d'ilménite, se trouv
dans le Puy-de-Dôme.

Pseudobrookite Fe^2O^3, Ti^2O^3.

La pseudobrookite cristallise dans le système rhom
bique. L'angle des faces mm est de 91°,5.

Elle se montre en très petits cristaux aplatis su
vant h, transparents quand ils sont très mince
L'éclat est adamantin dans la cassure qui est inégal
Couleur brune ou noire, en lames très minces; elle e

brun rouge. La poussière est brun rouge ou jaune d'ocre.

La dureté est 6 et la densité de 4,39 à 4,98.

Au chalumeau la pseudobrookite est difficilement fusible.

Donne avec le borax et le sel de phosphore les réactions du fer et du titane.

On trouve la pseudo-brookite dans les trachytes de Riveau-Grand au Mont-Dore, où elle est associée à l'hypersthène et à la tridymite.

Cuprite Cu^2O.

Cuivre oxydulé, zigueline, chalcotrichite.

La cuprite est l'oxyde de cuivre qui renferme le plus de ce métal (89 0/0). Elle cristallise en octaèdres, en cubes et même en dodécaèdres comme à Chessy. Le clivage parallèlement aux faces de l'octaèdre est facile. La cassure est conchoïdale et vitreuse. Fragile. La cuprite est rouge, mais au contact de l'air elle se transforme en carbonate de cuivre hydraté (malachite), et alors elle offre à l'extérieur une couche verte. Quelquefois les cristaux se présentent sous la forme d'aiguilles très fines, d'où le nom de cuivre oxydé capillaire qu'on a donné à cette variété.

La densité est 6 et la dureté 3,5 à 4.

La cuprite se réduit facilement sur le charbon et donne un globule de cuivre. Elle se dissout dans les acides en faisant effervescence et en donnant une dissolution verte.

On la trouve en France à Chessy, où elle se présente

en cristaux plus ou moins transformés extérieurement en malachite (pl. I).

Minium Pb^3O^4.

Le minium se rencontre en petites masses pulvérulentes rouges. Il donne un globule de plomb, au feu de réduction et sur le charbon. Il est associé avec de la galène et la cérusite.

Puy-de-Dôme.

DEUXIÈME GROUPE. — **Oxydes hydratés.**

Opale.	SiO^2nH^2O.
Diaspore.	Al^2O^3,H^2O.
Bauxite.	$Al^2O^3,2H^2O$.
Gœthite.	Fe^2O^3,H^2O.
Limonite.	$2Fe^2O^3,3H^2O$.
Brucite.	MgO,H^2O.

Opale $SiO^2 + nH^2O$.

L'opale est de la silice hydratée amorphe. La quantité d'eau est variable suivant les gisements, et varie de 2 à 13 0/0. En outre, les impuretés sont de nature très diverse et en plus ou moins grande abondance ; aussi existe-t-il plusieurs variétés de cette espèce.

Opale noble. — Cette variété possède des couleurs très vives et variées suivant l'incidence des rayons, mais le fond est généralement laiteux et un peu bleuâtre. Elle est plus ou moins transparente, et présente les couleurs rouge rubis, vert émeraude, bleu saphir, jaune topaze, violet améthyste. Sa densité est 2,35. La coloration est due à des fissures et à des bulles d'air ; aussi sous l'action de la chaleur et du froid les reflets de l'opale peuvent changer ou disparaître par suite des modifications produites sur la masse de l'opale. L'opale noble est employée en bijouterie où elle est connue sous le nom d'*opale orientale* ou d'*opale arlequine* (pl. VII).

Opale de feu. — Possède une couleur rouge hyacinthe passant au rouge carminé ou vineux. Elle s'altère très facilement à l'air, ou à l'humidité.

Opale girasol. — Cette variété est blanc bleuâtre, translucide avec des reflets rougeâtres.

Opale commune. — Partiellement translucide, laiteuse ou résineuse, couleurs variées : vert olive, rouge brique, etc.

L'hydrophane. — Translucide et légèrement colorée, adhère à la longue et devient plus transparente quand on la plonge dans l'eau.

Cacholong. — Est opaque, d'un blanc mat et laiteux à la surface, d'un éclat nacré à l'intérieur, légèrement translucide sur ses bords amincis. Souvent le cacholong adhère à la langue. Il se trouve en rognons ou en couches à la surface du silex.

On le trouve à Champigny.

Mélinite. — Se présente sous la forme de concrétions réniformes ou ayant d'autres formes arrondies. Elle est grisâtre, fragile, se trouve dans les dépôts argileux de Ménilmontant (Paris).

Hyalite. — Elle est incolore et très transparente. Se montre sous la forme de concrétions ou forme des croûtes dont la surface est globulaire, botryoïde ou stalactiforme. Se dissout plus facilement dans la potasse et la soude caustique que les autres variétés. A Plombières elle provient de la décomposition d'un ciment romain altéré par des courants d'eau chaude.

Fiorite. — Se trouve en incrustations sur les roches volcaniques et provient de l'altération des minéraux siliceux. Elle se transforme graduellement en hyalite. Elle est translucide ou opaque, poreuse, grisâtre, blanchâtre ou brunâtre. Eclat perlé ou lustré.

Geysérite. — Variété formée par les geysers. Très poreuse.

Quartz nectique. — En masses spongieuses, tubéreuses, blanches ou grises.

Tripoli. — Formé par les débris de diatomées fossiles.

Randannite. — Se présente en masses grisâtres ou blanchâtres, se réduisant très facilement en poussière. Renferme des infusoires siliceux.

Randanne, Puy-de-Dôme.

L'opale tapisse les cavités et les fissures des roches ignées et quelquefois aussi celles des filons métallifères.

Lussatite. — La lussatite ressemble à la calcédoine, mais a une densité plus faible, 2,06. Elle est formée par de la silice pure avec de l'opale amorphe.

Elle recouvre le bitume de Lussat, près du pont du Château, Puy-de-Dôme.

Diaspore Al^2O^3,H^2O.

Le diaspore cristallise dans le système orthorhombique et se présente en cristaux prismatiques, aplatis ou acidulaires, en masses foliacées ou en écailles. Il se clive suivant les faces parallèles aux troncatures des arêtes h et g.

La cassure est conchoïdale et très brillante. L'éclat est brillant. La couleur est blanche ou blanc jaunâtre. Transparent.

La densité est 3,5 et la dureté de 6,5 à 7.

Dans le tube fermé, le diaspore décrépite fortement et se sépare en écailles blanches perlées. A haute température il abandonne de l'eau. Avec l'azotate de cobalt il donne la réaction bleue à l'alumine. Inattaquable aux acides, mais soluble après avoir été chauffé au rouge, il se dissout dans l'acide sulfurique.

On le trouve habituellement avec le corindon dans la dolomie, les schistes chloriteux et les roches cristallines.

A Bournac (Haute-Loire) dans un gneiss.

Bauxite Al^2O^3, $2H^2O$.

Alumine hydratée de Baux, Bauxite.

La bauxite se présente en grains concrétionnés arrondis, ou en masse terreuse. Couleur variable, blanche grise, jaune ocre, rouge, brune.

Densité 2,5.

Elle a été découverte à Baux, près d'Arles, par Berthier, en grains disséminés dans du calcaire compact, à Revest près de Toulon (Var), à Allauch (Var).

La bauxite a pris une grande importance industrielle depuis qu'on l'utilise pour en extraire l'aluminium.

Gœthite Fe^3O^3,H^2O:

La gœthite est orthorhombique et se présente en prismes striés verticalement, mais le plus souvent en écailles, en fibres ou en masses réniformes avec structure radiée.

Le clivage est parfait parallèlement aux faces résultant des troncatures des arêtes *g*.

La couleur est jaunâtre, rougeâtre ou brune.

La poussière est brun jaune.

La densité est de 4 à 4,5 et la dureté 5 à 5,5.

Le gœthite donne de l'eau dans le tube fermé et est soluble dans l'acide chlorhydrique.

Rancié (Basses-Pyrénées), Laverpilière (Isère).

Limonite $2Fe^2O^3 . 3H^3O$.

Hématite jaune, fer oxydé hydraté.

La limonite n'est pas cristallisée. Elle se présente en masses stalactiformes, mamillaires, botryoïdes, concrétionnées ou terreuses.

Souvent elle montre à sa surface des irisations donnant des colorations très vives et très variées (pl. XVIII). La couleur est brune quand elle est en masse compacte et jaune ocre quand elle elle est terreuse. Poussière jaune, tandis que celle de l'oligiste est rouge. Éclat soyeux, métallique ou terreux.

Densité 3,5 à 4. Dureté 5,5.

La limonite donne de l'eau dans le tube fermé et se transforme en fer oligiste.

Elle provient de l'altération des autres minéraux du fer, en assez grande proportion; aussi elle est très répandue. On la rencontre aussi dans certaines argiles, à l'état pisolithque ou oolithique, des terrains sédimentaires.

Rancié, Alais, Montmartre, Revin, etc., etc.

Brucite MgO,H^2O.

Hydrate de magnésie, némalite.

La brucite est rhomboédrique, et se présente généralement en tables, en masses foliacées ou fibreuses. Les
fibres se séparent et sont élastiques. Sectile.

Le clivage est facile parallèlement à la face provenant de la troncature de l'angle *a*. Les lames de clivage
se séparent facilement. Eclat gras.

Couleur blanche penchant au gris, au bleu ou au
vert.

Transparente ou translucide, pyroélectrique.

Donne de l'eau dans le tube fermé, en devenant
opaque et friable, quelquefois passant du gris au brun,
lorsque la brucite renferme du manganèse. Infusible.
Donne avec l'azotate de cobalt la réaction de la magnésie.

Elle est soluble dans les acides.

Accompagne les autres minéraux magnésiens de la
serpentine.

On la trouve à Goujot.

La *némalite* est une variété fibreuse qu'on trouve à
Xettes dans les Vosges.

Psilomélane $MnO^2 n(MnO,BaO,H^2O)$.

La psilomélane est en masses botryoïdes, réniformes
ou stalactiformes (pl. XV).

La couleur est noir de fer. Poussière brune noire.
Opaque. Eclat métallique.

La psilomélane est un hydrate d'oxyde de manganèse
dans lequel la baryte remplace le manganèse.

Densité 4. Dureté 5 à 6.

Dans le tube fermé donne de l'eau. Traitée par l'acide chlorydrique, elle dégage du chlore.

C'est un des minerais les plus communs du manganèse.

Romanèche (Saône-et-Loire).

Oxysulfures.

Kermès Sb^2S^2O.

Antimoine oxydé sulfuré.

Le kermès, qui est orthorhombique, se présente en cristaux capillaires prismatiques, formant des touffes et possédant une couleur caractéristique rouge chair (pl. XII).

Ces cristaux sont sectiles, légèrement flexibles et clivables. Ils ont un éclat adamantin, un peu métallique et sont translucides, la poussière est rouge brun.

Densité 4,5. Dureté 1,5.

Dans le tube fermé, le kermès noircit, fond et donne un sublimé blanc d'antimoine.

Le kermès provient de l'altération de la stibine.

Mine de Challanches à Allemont.

Voltzine Zn^5S^4O.

La voltzine est en globules sphériques et à structure lamellaire.

La couleur est le rose, le jaune ou le brun. Eclat vitreux ou gras, perlé sur le clivage. Opaque.

Densité 3,7. Dureté 4 à 4,5.

Au chalumeau donne les caractères de la blende.

Se trouve à Rozières près de Pontgibaud.

CINQUIÈME CLASSE

CARBONATES

Les carbonates font tous effervescence avec les acides.

Carbonates anhydres

a) *Carbonates rhomboédriques :*

	m/m angle de clivage
Calcite CO^3Ca........................	$105°,5$
Dolomie $CO^3(Ca, Mg)$..................	$106°,15'$
Ankérite $CO^3 (CaMg, Fe, Mn)$..........	$106°,12'$
Magnésite CO^3Mg.....................	$107°,20'$
Mésitine $CO^3(MgFe)$	
Smithsonite $CO^3(MgFe)$..............	$107°,40'$
Diallogite CO^3Mn....................	$107°$
Sphérosidérite $CO^3(MnFe)$	
Sidérose CO^3Fe.....................	$107°$
Sphérocobaltide CO^3Co	

b) *Carbonates rhombiques .*
    Aragonite CO^3Ca
    Alstonite $CO^3(Ca.Ba)$
    Withérite CO^3Ba
    Strontianite $CO^3Sr.Ca$
    Cérusite CO^3Pb

c) *Carbonates monocliniques :*
    Barytocalcite CO^3Ba,CO^3Ca

Le carbonate de chaux (CO^3Ca) prend donc deux formes cristallines différentes et constitue deux espèces minérales.

Calcite CO^3Ca.

Calcaire, chaux carbonatée, spath calcaire, spath d'Islande (pl. V).

La calcite cristallise en rhomboèdres de 105°. Mais le rhomboèdre primitif est très rare et les modifications sont en nombre considérable. Haüy a décrit un grand nombre de formes, aujourd'hui on en connaît 170, et comme ces différentes formes peuvent s'associer, il y a un nombre de combinaisons infini. Lévy en a décrit plus de 700.

Le clivage est très facile suivant p et la substance est très fragile.

Incolore ou coloré diversement suivant les impuretés. Transparente quand elle est pure, et alors elle possède une double réfraction énergique. Souvent opaque.

Dureté 3. Densité 2,70 à 2,73. C'est le plus léger des minéraux carbonatés.

La calcite est infusible au chalumeau, mais devient

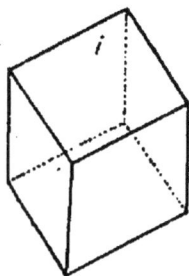
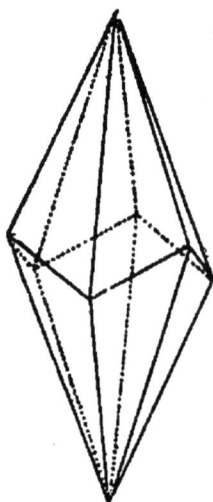
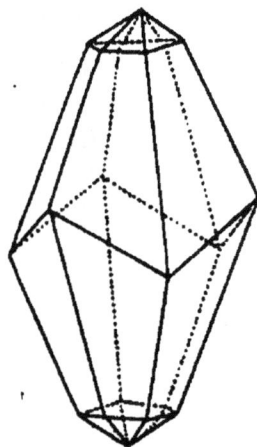

Fig. 90.   Fig. 91.   Fig. 92.

blanche et opaque en se transformant en chaux vive. Quand la transformation est complète, le fragment qu'on essaie émet une lueur blanche douée d'un éclat très vif. Se dissout avec effervescence dans les acides.

Les *marbres* sont formés par de la calcite en masse ayant une structure saccharoïde. Ils ont une couleur variable blanche : bleue, jaune ou verte. Ils forment des couches intercalées dans les gneiss, les micaschistes, les porphyres, et sont regardés comme des calcaires métamorphiques.

Les plus beaux marbres viennent de Carrare en Italie. En France on en trouve qui sont remarquables par leur pureté : ce sont ceux de Sost, vallée de Barousse, et Sarrancolin, vallée de Vestes (Hautes-Pyrénées) et ceux de Saint-Béat (Haute-Garonne). A Campan (Hautes-Pyrénées) on trouve le marbre *bleu foncé*.

Le calcaire présente encore d'autres structures.

La craie est du calcaire terreux. La craie blanche de Meudon, exploitée sous le nom de *blanc de Meudon* ou de *blanc d'Espagne*, est du carbonate de chaux presque pur.

La calcite se trouve dans un très grand nombre de localités, les plus beaux cristaux viennent d'Islande.

Dolomie $CO^3(CaMg)$.

Chaux carbonatée magnésifère, spath magnésien, spath perlé.

La dolomie cristallise en rhomboèdres de 106°,15. Tandis que la calcite présentait rarement le rhomboèdre primitif, la dolomie se montre presque toujours sous cette forme.

Le clivage est très facile suivant *p*, et comme la substance est fragile, elle se débite en rhomboèdres, comme la calcite.

Eclat vitreux, plus ou moins nacré. Incolore, blanche vert pâle, rose rougeâtre, bleuâtre, jaune, gris, noir. Quand elle renferme du fer en assez grande quantité, elle prend à l'air une coloration brune.

Dureté 3,5 à 4. Densité 2,85 à 2,92.

Infusible au chalumeau. Soluble dans les acides avec effervescence, lorsqu'elle est réduite en poudre. L'effervescence est très faible sur la dolomie en masse, ce qui permet de la distinguer facilement de la calcite.

C'est du carbonate de chaux et de magnésie. Elle contient souvent du protoxyde de fer et du protoxyde de manganèse.

La dolomie est extrêmement fréquente. Les plus beaux cristaux se trouvent dans les localités suivantes :

Villefranche (Aveyron), violette ; Cornillon près Vezelle, Saint-Pierre d'Allevard (Isère), Framont, Vosges, Rancié et Vicdessos.

Elle est compacte dans les terrains sédimentaires où elle peut former de vastes dépôts (Pyrénées-Orientales, Sud et Sud-Ouest de la France. Entre Rambouillet et Mantes, dans la craie).

Giobertite CO_3Mg.

Magnésie carbonatée, magnésite, breunérite, baudisserite.

La giobertite cristallise en rhomboèdres de 107°,26'.

Elle possède un éclat vitreux et est transparente ou

translucide. Sa couleur, variable, est incolore, blanc jaunâtre, jaune, brun noirâtre.

Au chalumeau elle donne un globule plus ou moins magnétique. Soluble dans les acides. A chaud elle fait effervescence.

M. Des Cloizeaux a découvert de petits cristaux de breunérite dans la météorite charbonneuse tombée à Orgueil, le 14 mai 1864.

Ankérite $CO^3(Ca, Mg, Fe)$.

L'ankérite est une dolomie contenant plus de 25 0/0 de carbonate de fer. Densité 3 environ.

Accompagne la sidérose à Allevard, etc.

Mésitine $CO^3(Mg, Fe)$.

La mésine cristallise en rhomboèdres de 107°,14' ; mais par suite de certaines modifications les cristaux ont une forme lenticulaire.

Le clivage est parfait suivant les faces du rhomboèdre.

La couleur est blanc jaunâtre ou brune. Le minéral est fragile et sa poussière est blanche.

La dureté est de 3,5 à 4 et la densité 3,38.

Au chalumeau donne comme la sidérose un globule noir magnétique. Est soluble dans les acides, mais ne fait effervescence qu'à chaud, avec l'acide chlorhydrique.

On la trouve à Allevard, etc.

Smithsonite CO^3Zn.

Calamine, zinc carbonaté.

La calamine est rarement bien cristallisée, le plus souvent elle est en masses botryoïdes, réniformes, terreuses, stalactiformes, en incrustations. La couleur est très variable, blanche, grise, brune, bleue, verte, etc. Poussière blanche. Éclat vitreux. Plus ou moins transparent.

Densité 4,5. Dureté 5.

Présente les réactions des carbonates. Au chalumeau donne une masse blanche ou blanc jaunâtre, ce qui la distingue de la sidérose et de la diallogite.

La smithsonite se trouve en filons, avec la galène, la blende et les minéraux de cuivre. Chessy, Les Malines.

Diallogite CO^3Mn.

Manganèse carbonaté.

La diallogite se présente en cristaux rhomboédriques se clivant difficilement, groupés sur une gangue, ou forme des enduits amorphes. La couleur est d'un rose franc. Elle est translucide et possède un éclat vitreux, nacré dans la cassure.

Densité 3,5. Dureté 3,5 à 4,5. Elle raie donc le calcaire. La diallogite fait effervescence avec les acides, mais il faut chauffer légèrement. Au chalumeau, elle décrépite et noircit.

Elle se trouve en filons avec les minerais d'argent, de plomb, de cuivre et de manganèse.

Hautes-Pyrénées.

Sidérose CO³Fe.

Fer oxydé carbonaté, fer spathique (pl. IV).

La sidérose cristallise dans le système rhomboédrique, l'angle des faces *p* est de 107. Elle est isomorphe avec la calcite.

Clivage parfait suivant *p*. Incolore, mais le plus souvent jaunâtre, à l'air elle s'altère et devient brune. Elle est translucide et quelquefois transparente. Poussière blanc jaunâtre. Fragile, se divise en rhomboèdres.

Dureté 3,5 à 4,5. Densité 3,83 à 3,88.

Au chalumeau, la sidérose noircit et devient magnétique. Elle est soluble dans les acides.

Comme elle est isomorphe de la calcite, de la dolomie et de la diallogite, elle renferme les substances basiques de ces sels; aussi presque toutes les sidéroses contiennent du protoxyte de manganèse, de la magnésie et de la chaux.

Excellent minerai de fer.

Brassac (Haute-Loire), Allevard (Isère), Baigorry (Basses-Pyrénées).

Dans ces localités elle se trouve en cristaux, généralement réunis en petits groupes tapissant des géodes : le quartz, le calcaire, la galène, la chalcopyrite, la blende et la pyrite y sont associés.

Elle se présente aussi en grandes masses comme à Saint-Pierre-d'Allevard, à Rancié et Vicdessos (Ariège).

Sidéroplésite $2FeO, CO_2, MgO, CO_2$.

Sidérose renfermant une quantité notable de magnésie. Elle se présente en cristaux lenticulaires.

Allevard, Autun.

Aragonite CO_3, Ca.

L'aragonite a la même composition que la calcite, mais elle cristallise dans le système orthorhombique; l'angle des faces du prisme est de 118°,12'.

Les propriétés diffèrent de celles de la calcite, elle est plus dure et plus dense. La dureté est 3,5 à 4 et la densité 2,95.

L'aragonite a un éclat vitreux, est incolore, blanche, grise, jaunâtre, jaune de miel, verdâtre ou bleue. Elle est fragile et sa poussière est blanc grisâtre. Phosphorescente.

L'aragonite se présente en masses bacillaires, globulaires, radiées, coralligènes et est fréquemment associée à la calcite. Souvent elle est maclée, 3 cristaux se groupent et s'accolent par les faces *m* autour de *g*, de façon à former un prisme hexagonal, car l'angle 116° est très voisin de 120 (fig. 93, pl. X).

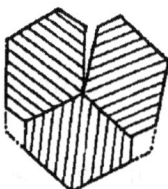

Fig. 93.

Dans le matras, au rouge sombre, les cristaux décrépitent, gonflent et se délitent. Soluble avec effervescence dans les acides.

L'aragonite a été observée dans un grand nombre de gisements. Je ne citerai que Versaizon (Puy-de-Dôme);

Rancié (Ariège); Gergovie, Chatel-Guyon près de Riom; Puy de Marmant, près de Clermont; Bastennes, près de Dax, dans les anciens murs romains de Plombières.

Withérite CO^3Ba.

Baryte carbonatée.

Prisme rhomboïdal droit angle *mm* 117° 38'.

Cette substance se clive facilement suivant *g*, et imparfaitement suivant les faces du prisme. Eclat vitreux, couleur blanche.

Dureté 3 à 3,5. Densité 4,2 à 4,3.

Au chalumeau, la whitérite colore la flamme en vert jaunâtre et fond en émail blanc alcalin. Soluble avec effervescence dans les acides.

La solution étendue d'eau précipite abondamment par l'acide sulfurique et donne du sulfate de baryte.

Cérusite CO^3Pb.

Plomb carbonaté. Plomb blanc, céruse.

Composition Pb., 76 0/0.

Ce minéral à éclat adamantin est incolore ou est blanc, ce qui le fait ressembler à une pierre; mais on le distingue facilement par suite de sa grande densité.

Il cristallise dans le système rhombique. L'angle des faces *mm* est de 117°,14'. Les clivages sont peu distincts. Double réfraction.

La densité est 6,5. La dureté 3,5. Très fragile.

La cérusite décrépite au chalumeau et se réduit très facilement en un globule de plomb. Les acides la dissolvent et produisent un dégagement d'acide carbonique.

La cérusite accompagne les gisements de galène et se trouve surtout à la surface. Quand elle contient du charbon, elle devient noire. Se présente en cristaux, en masses compactes ou en stalactites, etc.

Nuissières (Rhône), Huelgoat, Pontgibaud, Villefranche (Aveyron), Die (Drôme), Paillières (Gard), etc., etc.

Carbonates hydratés

Malachite $CO^5H^2Cu^2$.

Cuivre carbonaté vert.

La malachite est un hydrocarbonate de cuivre cristallisant dans le système monoclinique et renfermant 8 0/0 d'eau et 72 0/0 de protoxyde de cuivre. La couleur est verte (pl. I) et la poussière est vert-de-gris. Généralement cette substance se présente en masses mamelonnées, qui, lorsqu'elles sont polies, se prêtent à l'ornementation, ou en fibres radiées ayant un éclat soyeux (pl. I).

Densité 3,7 à 3,8. Dureté 3,5 à 4.

Au chalumeau, elle décrépite et noircit, elle est fusible sur le charbon et donne un globule de cuivre. Elle est soluble dans les acides et dans l'ammoniaque. Avec cette dernière substance il se produit une belle couleur bleue.

Elle se trouve dans les gisements métallifères. Chessy.

Chessylite $C^2O^8H^2Cu^3$.

Azurite (pl. I, VII).

Cette substance est encore un hydrocarbonate de

cuivre, mais elle renferme moins d'eau que la malachite,
5 0/0 au lieu de 8. Elle possède une belle couleur
bleue (pl. VII), aussi la désigne-t-on aussi sous le nom d'*a-
zurite*. Elle est monoclinique (*mm* 99°) et se clive suivant un
plan parallèle à *e*. La poussière est de couleur bleue.

Densité 3,7 à 3,8. Dureté 3,5 à 4.

Au chalumeau, la chessylite se comporte comme la
malachite.

Elle accompagne la malachite dans les gisements
métallifères.

A Chessy, on trouvait autrefois de très beaux cristaux, mais aujourd'hui le gisement est épuisé.

Nesquehonite CO^3MgH.

La nesquehonite est orthorhombique. Elle se présente
en cristaux prismatiques formant des masses radiées.
Clivage parfait suivant les faces du prisme. Eclat vitreux ou légèrement gras. Transparent ou translucide.
Coloration blanche.

Densité 1,83. Dureté 2,5.

Elle se trouve en masses fibreuses blanchâtres dans
les galeries d'anthracite de la Mure.

Buratite $2(Zn, Cu)CO^3 . 3(Zn, Cu)(OH)^2$.

Aurichalcite, risséite, messingite.

La buratite est probablement monoclinique. Elle se
présente en cristaux aciculaires, plumeux, laminaires,
formant des incrustations dans des druses. Sa couleur
est le vert-de-gris. Poussière vert pâle ou bleue. Eclat
perlé. Translucide.

Densité 3,6. Dureté 2.

Dans le tube fermé, la buratite donne de l'eau et noircit. Elle est infusible au chalumeau et colore la flamme en vert. Soluble dans les acides avec effervescence.

On la trouve à Chessy, où elle accompagne la malachite et l'azurite.

A la suite des carbonates nous rangeons les chlorocarbonates.

Phosgénite $CO^3(PbCl)^2$.

Plomb chlorocarbonaté, plomb corné, kérasine.

La phosgénite cristallise dans le système du prisme droit à base carrée. Elle se présente en très beaux cristaux prismatiques ou tabulaires, sectiles, blancs, gris ou jaunes, transparents ou translucides. Poussière blanche.

Densité 6. Dureté 3.

Fusible au chalumeau en donnant un globule jaune, qui devient blanc en se refroidissant. Sur le charbon et au feu de réduction donne un globule de plomb et un enduit blanc de chlorure de plomb. Se dissout avec effervescence dans l'acide nitrique dilué.

La phosgénite accompagne les autres minéraux de plomb.

Les plus beaux cristaux viennent de Monte Poni (Sardaigne).

En France on la trouve à Bourbonne-les-Bains, où elle est de formation récente.

SIXIÈME CLASSE

SULFATES

Sulfates anhydres

Les principaux sulfates anhydres sont les suivants :

Glaubérite $SO^4Na^2.SO^4Ca$

Orthorhombiques :

	angle m/m
Anhydrite SO^4Ca....................	96°,36′
Barytine So^4Ba....................	101°,40′
Barytocélestine SO^4 (SrBa)	
Célestine SO^4Sr....................	104°,10′
Anglésite SO^4Pb....................	103°,42′

Glaubérite Na^2SO^4, $CaSO^4$.

La glaubérite est monoclinique. Cristaux tabulaires, présentant un clivage facile suivant la base du prisme.

La couleur est jaune ou grise, quelquefois rouge brique. Eclat vitreux, goût légèrement salé.

La glaubérite a une densité de 2,8 et une dureté de 2,5 à 3.

Cette substance, étant un sulfate double de soude et de chaux, donne les réactions bien connues de ces trois corps quand on la dissout dans l'acide chlorhydrique. Elle se dissout partiellement aussi dans l'eau avec formation de gypse.

Vic, Varengille près de Nancy.

Anhydrite $CaSO^4$.

Chaux sulfatée anhydre, karsténite.

L'anhydrite est orthorhombique, mais les cristaux

sont assez rares. Elle est généralement en masses clivables paraissant avoir le clivage cubique, ou en masses lamellaires, granulaires, fibreuses.

La couleur est généralement blanche, mais quelquefois l'anhydrite est colorée par des matières étrangères en bleu, en jaune, en rouge, etc. Eclat perlé, vitreux ou gras.

Densité 2,9. Dureté 3 à 3,5.

Fond facilement au chalumeau. Sur le charbon elle est réduite. Donne les réactions du soufre. Soluble dans l'acide chlorhydrique.

L'anhydrite se trouve dans des roches de tous les âges et particulièrement dans les couches de calcaire, surtout dans celles qui contiennent le gypse et le sel gemme.

Barytine $BaSO^4$.

Baryte sulfatée, sulfate de baryte, spath pesant, barytite, hépatite, pierre pesante, pierre de Bologne.

La barytine est une substance de couleur variable, mais généralement incolore ou blanche, jaunâtre, rougeâtre ou brune. Elle cristallise en prismes droits à base rhombe. L'angle des faces mm est de 101°,42.

La barytine se présente généralement en cristaux plus ou moins modifiés ayant la forme de tables (pl. XVI). Cependant elle peut se montrer en mamelons, être lamellaire, fibreuse ou grenue.

La densité de la barytine est considérable, d'où le nom de spath pesant, que lui donnaient les anciens minéralogistes. Elle est de 4,5 à 4,7. C'est la plus lourde de toutes les pierres, et sa densité est un caractère excellent pour la reconnaître. Dureté 3 à 3,5.

Elle fond difficilement au chalumeau et est insoluble dans les acides. Elle colore la flamme, lorsqu'elle a été réduite en poudre fine, en vert jaunâtre.

Usages. — La barytine est employée pour la fabrication des sels de baryte.

La barytine remplit des filons et alors elle est généralement lamellaire, appartenant à presque tous les ter-

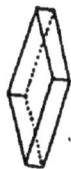 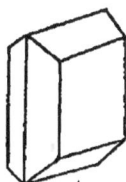 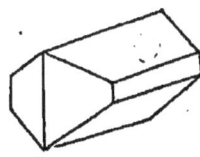

Fig. 94.   Fig. 95.   Fig. 96.

rains. Elle se retrouve aussi dans les filons de galène.

Se trouve dans presque toute la France ; à Romanèche elle forme de beaux cristaux.

Elle sert à fabriquer l'hydrate de baryte qui est employé avec le phosphate d'ammoniaque pour l'épuration des sucres ; pour cause de sa densité on l'emploie pour falsifier certains produits vendus en poudre et en particulier la céruse.

Célestine SrSO⁴.

Strontiane sulfatée.

Les cristaux de célestine ressemblent à ceux de la barytine ; mais ils sont cependant faciles à distinguer, l'angle des faces *mm* étant plus petit. La célestine est aussi en masses fibreuses ou radiées, globuleuses ou granulaires. Elle est blanche, quelquefois cependant bleuâtre ou rougeâtre. Transparente. Eclat vitreux.

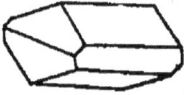

Fig. 97.

Densité 3,9. Dureté 3 à 3,5.

Décrépite au chalumeau et fond en colorant la flamme en rouge. Donne difficilement la réaction du soufre.

Insoluble dans les acides, ce qui la distingue de l'anhydrite.

Elle est associée au calcaire, au sable, aux minerais métallifères, au gypse, au soufre des volcans.

A Montmartre (variété appelée apotome par Hauy), à Condorcet où elle accompagne la blende et la galène, à Bourbon-l'Archambault où elle est de formation récente, etc., etc.

Anglésite PbSO⁴.

Plomb sulfaté, vitriol de plomb.

L'anglésite est un minéral incolore blanc transparent ou opaque, à éclat vitreux ou adamantin. Il cristallise dans le système rhombique. L'angle des faces *mm* est de 103°,42.

La dureté est faible 2 à 3. Fragile. Densité 6,2.

L'anglésite décrépite et fond à la flamme d'une bougie. Elle est insoluble dans les acides ; cependant elle est soluble dans l'acide azotique, mais avec difficulté.

L'anglésite provient de la décomposition de la galène, aussi ne la trouve-t-on qu'associée à cette dernière.

Bourbonne-les-Bains.

Sulfates hydratés

Les sulfates hydratés ne renferment pas la même quantité d'eau. Ils sont très nombreux, mais comme ils constituent des espèces assez rares, les espèces françaises seules sont ici citées.

Gypse $SO^4Ca.2H^2O$, monoclinique.

Epsomite $SO^4Mg.7H^2O$, rhombique.
Mélantérie $SO^4Fe.7H^2O$, monoclinique.
Copiapite
Raimondite
Polyhalite
Alunogène
Alunite
Cyanotrichite

Gypse SO^4Ca,H^2O.

Sélénite; chaux sulfatée; pierre à plâtre.

Le gypse cristallise dans le système monoclinique. L'angle des faces *mm* est de 138°,28. Il se présente en beaux cristaux modifiés sur les arêtes *g* (fig. 98), comme le gypse d'Auteuil, ou bien en fer de lance (pl. XI). Une autre forme est produite par la rotation d'une moitié du cristal autour d'un axe perpendiculaire à *h*. La figure 99 montre cette rotation.

Il présente trois clivages. Le plus facile à obtenir est celui qui a lieu parallèlement à la troncature sur *g*, c'est grâce à lui que le gypse se divise en lames très minces. Il en existe un autre suivant *p* vitreux et suivant la troncature parallèle à *h*.

Le gypse est incolore et transparent quand il est pur. Il possède un éclat vitreux, un peu nacré.

Sa dureté est très faible, elle est de 1,5 à 2. Il se laisse rayer à l'ongle. Sa densité est de 2,3.

Le gypse est difficilement fusible au chalumeau, en

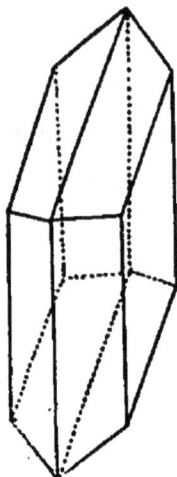

Fig. 98.

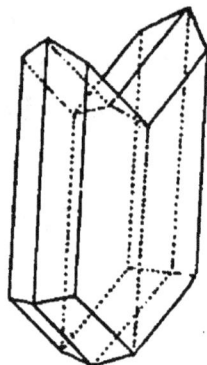

Fig. 99.

émail blanc. Une lame incolore blanchit par l'action d'une assez faible chaleur. C'est dû à la perte de 21 0/0 d'eau. Si on continue à chauffer, il s'exfolie et tombe en poussière. Le gypse est sensiblement soluble dans l'eau. La dissolution donne un précipité avec le chlorure de baryum et avec l'oxalate d'ammoniaque. Il est soluble dans une grande quantité d'acide chlorhydrique, mais il ne l'est pas dans les autres acides.

Le gypse est exploité comme pierre à plâtre dans les environs de Paris. Il est aussi employé en agriculture. Le gypse fibreux peut aussi être employé pour faire des ornements.

Gisements. — Le gypse se trouve dans presque tous les terrains, mais il se présente en grandes masses dans les terrains triasique, jurassique, crétacé supérieur et tertiaire.

Epsomite $MgSO^4 . 7H^2O$.

Sel d'Epsom.

L'epsomite, qui est du sulfate de magnésie hydraté, est orthorhombique. Elle se trouve dans les eaux minérales et forme des aiguilles très fines sur les parvis des galeries des mines et sur celles des fentes qui donnent passage à l'eau minérale.

On la trouve à Fitou dans le département de l'Aude, dans la mine d'anthracite de Peychagnard (Isère), où elle se présente en beaux cristaux. On en a même trouvé dans les carrières de gypse de Montmartre près de Paris, Montchanin-les-Mines (S.-et-L.).

Copiapite $Fe^2O^3 . 2SO^3 . 10H^2O$.

Fibroferrite.

La copiapite est probablement monoclinique. Elle se présente en masses formées d'un agrégat de fibres très fines. Son éclat est perlé et soyeux. Sa couleur, jaune pâle. Translucide.

Sa densité est 1,84 et sa dureté 2 à 2,5

On la trouve à Paillières (Gard).

Raimondite $2Fe^2O^3, 3SO^3, 7H^2O$.

La raimondite est hexagonale. Clivage parfait parallèlement à la base. Eclat perlé, couleur intermédiaire entre le jaune de miel et l'ocre jaune. Opaque.

Densité 3,2. Dureté 3 à 3,2.

Est insoluble dans l'eau.

Une variété, la *pastréite*, est amorphe, réniforme et se

trouve à Paillières près d'Alais. Elle accompagne la cérusite, la limonite, la calcite, le gypse, la fibroferrite.

Infusible au chalumeau.

Une autre variété, l'*apatélite*, se présente en nodules friables et d'un jaune clair. Sa formule est probablement $4Fe^2O^3, 6SO^3, 3H^2O$.

Elle se trouve à Meudon et à Auteuil, disséminée dans des couches argileuses en rapport avec l'argile plastique.

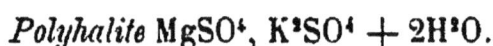

Polyhalite $MgSO^4, K^2SO^4 + 2H^2O$.

Probablement monoclinique. Se clive facilement. Eclat résineux ou perlé. Rouge brique ou jaunâtre. Translucide ou opaque, amère et astringente.

Densité 2,8. Dureté 2,5 à 3.

Vic, en Lorraine.

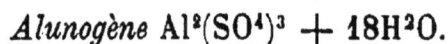

Alunogène $Al^2(SO^4)^3 + 18H^2O$.

Hydro-trisulfate d'alumine, saldanite.

L'alunogène, qui est monoclinique, se présente en masses fibreuses ou en incrustations. Couleur blanche ou blanc jaunâtre ou rougeâtre. Eclat vitreux. Transparent. Etant soluble dans l'eau, l'alunogène a une saveur très appréciable, analogue à celle de l'alun.

Densité 1,7. Dureté 1,5 à 2.

Donne de l'eau dans le tube fermé. Si on élève la température, il se dégage de l'acide sulfurique.

Ce sel étant efflorescent, il forme sur les parois des roches des masses qui, à cause de leur aspect butyreux, avaient été désignées par les anciens minéralogistes sous le nom de *beurre de montagne*.

Dans les carrières de bitume de Chamalières.

Alunite K^2O, $3Al^2O^3$, $4SO^3$, $6H^2O$.

Alun de Rome, pierre alumineuse de la Tolfa.

L'alunite est rhomboédrique. Elle se présente le plus souvent en masses fibreuses, granuleuses ou compactes. Eclat vitreux, couleur blanche, grise ou rougeâtre. Transparente ou translucide.

Densité 2,6. Dureté 3,5 à 4.

Au chalumeau l'alunite décrépite et est infusible. Dans le tube fermé elle donne de l'eau. A une température élevée elle dégage des vapeurs sulfureuses et sulfuriques. Soluble dans l'acide sulfurique.

L'alunite accompagne les roches trachytiques, elle provient de la décomposition de la roche sous l'influence des émanations sulfureuses.

Mont-Dore.

Cyanotrichite ($4CuO$, $Al^2O^3 . SO^3$, $8H^2O$).

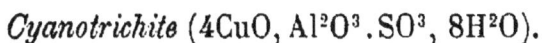

Lettsomite, cuivre velouté.

Orthorhombique. Se trouve en cristaux capillaires très courts ou en globules sphériques dans les druses. Couleur bleu clair. Eclat perlé.

A Cap-Garonne (Var).

SEPTIÈME CLASSE

ALUMINATES, FERRATES, ETC.

Les minéraux de cette classe forment le groupe des Spinelles.

Groupe des Spinelles

Les corps de ce groupe sont cubiques et ont pour formule générale :

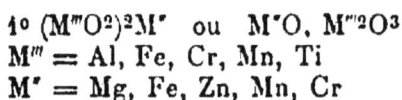

1° $(M'''O^2)^2M'$ ou $M'O, M'''^2O^3$
$M''' =$ Al, Fe, Cr, Mn, Ti
$M' =$ Mg, Fe, Zn, Mn, Cr

Les principaux sont les suivants :

Spinelle $(AlO^2)^2Mg$ ou MgO, Al^2O^3
Pléonaste $[(Al, Fe)O^2]^2(Mg, Fe)$ ou $(Mg, Fe)O, (Al, Fe)^2O^3$
Picotite $[(Al,Cr,Fe)O^2]^2(Fe,Mg)$ ou $(Fe,Mg)O,(Al,Cr,Fe)^2O^3$
Franklinite $(FeO^2)^2 (Fe, Mn, Zn)$ ou $(Fe, Mn, Zn)O, Fe^2O^3$
Chromite $[(CrFe)O^2]^2 (Fe, Cr)$ ou $(FeCr)O, (CrFe)^2O^3$
Gahnite $(AlFe)O^2Zn$ $ZnO, [Al Fe]^2O^3$
Magnésioferrite $(FeO^2)^2Mg$ ou MgO, Fe^2O^3
Magnétite $(FeO^2)^2Fe$ ou FeO, Fe^2O^3

Les formules de ces minéraux montrent qu'on peut obtenir un très grand nombre de variétés, un métal pouvant en remplacer un autre. Le pléoplaste et la picotite peuvent être considérés comme des variétés de spinelle.

Spinelle MgO, Al^2O^3 ou $(AlO^2)^2Mg$.

Rubis spinelle, rubis balais (pl. VI).

Le spinelle se présente en octaèdres plus ou moins

modifiés et assez fréquemment la macle (fig. 101). Le clivage suivant les faces de l'octaèdre n'est pas net. La cassure est conchoïdale, l'éclat vitreux. La couleur est très variable, mais le plus souvent elle est rouge, elle est aussi bleuâtre, jaunâtre, verte, brune, noire, quelquefois blanche. Poussière blanche. Transparente ou opaque.

Densité 3,5. Dureté 8.

Infusible au chalumeau. Peu soluble dans le borax, mais soluble dans le sel de phosphore. La perle met alors en évidence le fer et le chrome qui peuvent y exister. Décomposé à haute température par le bisulfate de potasse. Difficilement soluble dans l'acide sulfurique concentré.

Le spinelle rouge (pl. VI) et bien transparent est employé en bijouterie. Il est moins estimé que le rubis oriental; cependant, lorsqu'il est gros et transparent, il peut atteindre un prix assez élevé. Le *rubis balais* a une

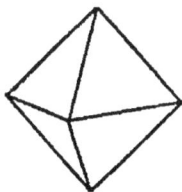

Fig. 100.

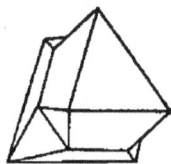

Fig. 101.

teinte plus rosée que le rubis précédent, le rubis adamantin est violacé.

Le pléonaste est noir, et par conséquent presque opaque.

La picotite est jaune d'or ou jaune vert foncé. Elle est presque opaque.

Les spinelles se trouvent dans les calcaires cristallins,

dans les gneiss, les serpentines. Le rubis spinelle est souvent associé au rubis oriental.

Le pléonaste se trouve dans des cipolins situés dans les gneiss de Mercus et d'Arignac, au nord de Tarascon, sur les bords de l'Ariège, où il est associé à la brucite, à la chondrodite, au pyroxène, etc. On le trouve aussi en grains disséminés dans la lherzolite (bords du Lherz), à Montferrier près de Montpellier, etc., etc.

Chromite (Fe, Cr)O, (Cr, Fe)^{2}O^3.

Fer chromaté aluminé, sidérochrome, chromoferrite, fer chromé.

La chromite est communément massive, en grains fins ou compacte. Elle est cubique. Sa cassure est inégale, brillante. Eclat sous-métallique ou métallique. Couleur entre le noir de fer et le noir brun, mais quelquefois jaune rouge. Translucide ou opaque, quelquefois faiblement magnétique.

Densité 4,32 à 4,57. Dureté 5,5.

Inattaquable par les acides.

La chromite forme des filons dans la serpentine. Elle donne la couleur caractéristique du marbre vert antique.

On la rencontre à Bastide-de-la-Carrade (Var).

Magnétite FeO, Fe^{2}O^3.

Fer oxydulé, aimant, oxyde de fer magnétique.

La magnétite cristallise dans le système cubique et se présente en octaèdres réguliers plus ou moins mo-

difiés ou en dodécaèdres rhomboïdaux ou en masse.
Elle possède un éclat métallique. Sa couleur est noir
de fer et sa poussière noire. Elle est très facile à reconn-
naître à cause de son action sur l'aiguille aimantée.
Lorsqu'elle est compacte, il arrive souvent qu'un côté
attire l'aiguille aimantée et que l'autre la repousse; alors
on a deux pôles distincts, c'est l'aimant naturel (pl. IX).

La densité est 5 et la dureté 5,5.

La magnétite est infusible au chalumeau ou très difficilement fusible. Dans la flamme oxydante elle perd sa
propriété magnétique par suite de sa transformation.

Elle se dissout lentement dans l'acide chlorhydrique.
La magnétite se trouve dans les roches cristallines, dans
les roches métamorphiques et en petits cristaux dans
les roches cristallines.

Savoie, Expailly, Arudy (Basses-Pyrénées), etc.

Cymophane $GlAl^2O^4$ ou $GlO.Al^2O^3$.

Chrysobéryl.

La cymophane est orthorhombique et se présente généralement sous la forme de cristaux tabulaires.
Angle $mm = 129°,38$.

La couleur est le blanc verdâtre passant au gris verdâtre.

La cymophane est trichroïque, opalescente, a un éclat
vitreux et est transparente.

Densité 3,75. Dureté 8,5.

Une variété de couleur verte est connue sous le nom
d'*œil-de-chat* à cause de ses reflets chatoyants. Elle vient
de Ceylan.

L'*alexandrite* a une couleur vert émeraude, mais la lumière qui la traverse est rouge ; aussi est-elle employée en bijouterie.

Inaltérable au chalumeau. Inattaquable aux acides. Fond avec le borax et le sel de phosphore avec une grande difficulté.

Aurait été trouvée dans un granit à grains très fins.

HUITIÈME CLASSE

PHOSPHATES, ARSÉNIATES, VANADATES
NIOBATES, TANTALATES

a) Anhydres

Triphyline PhO⁴(Fe, Mn)Li
Xénotime PO⁴(Y.Ce)
Monazite PO⁴(Ce, La, Di)
Yttrotantalite (Nb, Ta)O⁴Y
Niobite (NbO³)²Fe

Triphyline PhO⁴(Fe, Mn)Li.

La triphyline est monoclinique. $mm = 97°,53$.

Elle se clive suivant p et g. La couleur va du gris verdâtre au gris bleu et du rose saumon au brun.

Dureté 4,5 à 5. Densité 3,42 à 3,56.

Au chalumeau elle fond facilement en colorant la flamme en rouge bordé de vert pâle et donne un globule de fer magnétique.

La *lithiophyllite* est une triphyline manganésifère. La triphyline se trouve à la Vilate.

Hétérosite.

L'hétérosite est un minéral associé à la triphyline et qui possède une belle couleur violette suivant un clivage facile (pl. XII).

Elle n'existe qu'à la Vilate et est probablement une altération de la triphyline.

Alluaudite. — C'est une variété de triphiline. Chanteloube.

Monazite PO⁴(Ce, I.ᵅ, Di).

Edwarsite, turnérite.

La monazite est monoclinique. $mm = 93°,22$. Sa couleur est le rouge brunâtre, le brun jaunâtre, le brun de girofle, le rouge de chair ou le jaune topaze. Poussière jaune rougeâtre.

Dureté 5,5. Densité 5 à 5,3.

Infusible au chalumeau. Avec le borax donne un verre rouge jaunâtre à chaud et incolore à froid.

Difficilement soluble dans l'acide chlorhydrique.

On le trouve dans les druses des schistes chloriteux du Dauphiné.

Phosphates anhydres renfermant du fluor, du chlore ou l'hydroxyle (OH)

Apatite $(PO^4)^3FCa^5$.................
Pyromorphite $(PO^4)^3ClPb^5$...... .....
Mimétèse $(AsO^4)^3ClPb^5$..............
Vanadinite $(VO^4)^3ClPb^5$.............
} hexagonaux
Amblygonite $PO^4(Al.F.)Li$
Morinite
Libethenite PO^4Cu^2 (OH)

Olivenite $AsO^4Cu(Cu.OH)$............ }
Descloizite $VO^4(Pb.Cu, Zn)(Pb.OH)$.. } rhombiques
Triplite $PO^4(Fe.Mn)[(Fe.Mn)F]$.......   hexagonal
Arséniosidérite $(AsO^4)^3Fe^4Ca^3(OH)^9$

Apatite $(PO^4)^3FCa^5$.

Chaux phosphatée, chrysotile ordinaire.

L'apatite critallise dans le système hexagonal et généralement elle se montre en prismes plus ou moins modifiés à ses extrémités. Les clivages sont imparfaits suivant p et m. La cassure est conchoïdale ou inégale.
L'éclat est vitreux, un peu résineux. La couleur est extrêmement variable : incolore, blanche, gris bleu, verte
(pl. XIV), jaune, rouge, brune. La poussière est blanche;
quelques apatites sont phosphorescentes quand on les
chauffe.

La dureté est 5 et la densité 3,2.

Au chalumeau, l'apatite fond difficilement et donne
un globule incolore. Colore la flamme en vert quand on

Fig. 102.

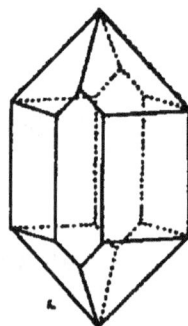

Fig. 103.

l'a humectée d'acide sulfurique. Soluble dans les acides.
L'apatite se présente en beaux cristaux, en masses cristallines ou en petits cristaux, visibles seulement au microscope dans les roches (granites, gneiss, micaschites,

basaltes, trachytes, marbres, etc.; ce sont ces cristaux
qui par leur décomposition donnent naissance à l'acide
phosphorique que l'on trouve dans la terre végétale.

Localités. — Les gros cristaux se trouvent au mont
Saint-Michel, à la Villeder, à Barbin, à Petit-Port.

La *manganapatite* est une apatite manganèsifère. Elle
se trouve à Montebras dans la Creuse.

L'apatite se trouve dans les roches les plus variées, mais le plus souvent dans les roches métamorphiques cristallines et plus particulièrement dans
le calcaire granulaire, dans les filons granitiques et métallifères, surtout ceux d'étain.

On appelle *phosphorites* le phosphate de chaux compact, concrétionné, radié, etc. Ils sont employés
comme engrais.

Hydroapatite.

Cette espèce, qui a été décrite par M. Damour, forme
des croûtes mamelonnées tapissant les fentes d'une argile ferrugineuse, brunâtre, au milieu de schistes noirs,
des environs de Saint-Girons.

Elle a une couleur gris bleuâtre et est transparente
quand elle est en écailles très minces. En perdant de
l'eau, elle devient blanche.

Dans le matras, elle décrépite, tombe en poussière.

Pyromorphite $(PO^4)^3ClPb^3$.

Plomb chlorophosphaté.

Cette substance colorée en vert, en brun, ou en jaunâtre, cristallise dans le système hexagonal. L'éclat est
gras; la cassure vitreuse.

La densité est 6,5 à 7 et la dureté 3,5 à 4.

Poussière jaune. Généralement la pyromorphite se présente en prismes dont les faces sont striées (pl. VI), en masses aciculaires, bacillaires ou botryoïdes.

Fig. 104.

Au chalumeau, elle fond en donnant un bouton gris clair qui se transforme par refroidissement en un polyèdre à nombreuses facettes (d'où le nom de pyro-morphite).

Dans le tube fermé, elle donne un sublimé blanc de chlorure de plomb, et une auréole jaune d'oxyde. Sur le charbon, il se forme une auréole jaune entourée elle-même d'une auréole blanche de chlorure. Soluble dans l'acide nitrique et dans la potasse caustique.

Les anciens auteurs appelaient la variété verte *plomb vert*, et *plomb brun* la variété brune.

La pyromorphite se trouve dans les filons des minerais de plomb.

Poullaouen et Huelgoat (Bretagne), La Nuissière, etc.

Mimétèse $(AsO^4)^3ClPb^3$.

Plomb vert arsenical, plomb arséniaté.

La mimétèse est isomorphe de la pyromorphite, l'acide arsénique remplace l'acide phosphorique. Elle cristallise donc dans le système hexagonal. Les faces du prisme sont courbées de telle façon que le cristal présente la forme d'un barillet. La mimétèse est une substance d'un jaune clair, plus ocreux à l'orangé, d'éclat résineux.

La mimétèse est soluble dans l'acide azotique. On a

avec le sel de phosphore une perle bleue si on le sature
d'oxyde de cuivre. Odeur alliacée dans le tube fermé et
formation d'un sublimé blanc de chlorure de plomb.

Localités. — Saint-Prix (Saône-et-Loire), où la mimétèse se trouve ēn cristaux capillaires, Villevielle près
Pontgibaud, La Nuissière, etc.

En général elle accompagne les minerais de plomb.

Amblygonite $PO^4(Al, F)Li$.

Montébrasite.

L'amblygonite est triclinique. Elle se clive très facilement suivant les faces *m*. En outre elle présente des
plans de séparation faciles suivant la face *t*.

Elle est transparente ou translucide, incolore, blanche
ou légèrement rosée. L'éclat est vitreux.

La dureté est 6 et la densité 3,1.

L'amblygonite est fusible à la flamme de l'alcool,
avec un léger bouillonnement, ce qui permet de la reconnaître facilement. Dans le matras elle dégage de
l'acide fluorhydrique.

Soluble dans les acides.

Existe dans un filon stannifère de Montebras (Creuse).

Morinite.
(Fluophosphate d'alumine et de soude hydraté).

Ce minéral décrit par M. A Lacroix est monoclinique.
Clivage suivant *h*. Il se présente sous la forme de
masses fibrolamellaires ou en petits cristaux.

La morinite, au chalumeau, bouillonne et fond.
Dans le tube fermé elle donne jusqu'à 13,5 0/0 d'eau

11

acidulée par le plomb. Donne les réactions de l'alumine, de la soude et de l'acide phosphorique.

La morinite, qui provient de la décomposition de l'amblygonite, se trouve à Montebras (Creuze).

Adamine $AsO^4Zn(ZnOH)$.

L'adamine, découverte par M. Friedel, cristallise dans le système orthorhombique. L'angle des faces mm est de 91°,15. Clivage parfait suivant a.

Elle est généralement verte, mais elle peut être incolore, jaune, violette, rose. La poussière est blanche. L'éclat est vitreux. Fragile. Transparente.

Dureté 3,5. Densité 4,3.

Sur le charbon, l'adamine fond et donne une auréole blanche d'oxyde de zinc ; en même temps, il se produit une odeur faiblement arsénicale. Soluble dans les acides. Dans le matras décrépite et devient blanche.

Elle ne se trouve en France qu'à Cap-Garonne. Dans cette localité les cristaux sont rouges et renferment du cobalt.

Olivénite (AsO^4Cu^2OH).

L'olivénite, qui est isomorphe de l'adamine, cristallise dans le système orthorhombique. Les clivages existent mais sont difficiles. Sa cassure est conchoïdale. L'éclat est vitreux, un peu résineux et adamantin. La couleur est vert olive. La poussière est un peu plus pâle.

Dureté 3. Densité 4,4.

Donne au chalumeau les réactions de l'arsenic et du cuivre.

Se trouve à Cap-Garonne où elle tapisse du quartz.

Lunnite PO⁴(CuOH)³.

Pseudo-malachite, ypoléime, cuivre phosphaté.

La lunnite est monoclinique. $mm = 38°,56$. Cassure inégale, transparence sur les bords.

La couleur est le vert-de-gris au vert émeraude. Eclat vitreux, inclinant à l'adamantin. Fragile.

Dureté 4,5 à 5. Densité 4 à 4,4.

Au chalumeau, la lunnite noircit et fond en un globule enveloppé d'une scorie gris d'acier. Soluble dans l'acide azotique.

On la trouve à Cap-Garonne (Var), à Alban-la-Fraisse (Tarn).

Triplite PO⁴(Fe.Mn)[(FeMn)F].

Manganèse phosphaté.

La triplite est monoclinique avec un clivage facile suivant la troncature sur h et difficile suivant celle qui a lieu sur g. La cassure est conchoïdale. La triplite est transparente en lames minces, translucide ou opaque sous une épaisseur plus grande.

La triplite a une couleur brun rouge ou noire. La poussière est gris jaune. L'éclat est résineux. Fragile.

Dureté 5 à 5,5. Densité 3,4.

La triplite fond facilement au chalumeau, se gonfle et donne un globule de fer magnétique. Au feu oxydant elle donne avec le borax une perle améthyste caractéristique du manganèse, et au feu réducteur la perle verte du fer. Soluble dans les acides.

Localités. — Dans les pegmatites de la Vilate, où elle se présente en masses.

Arséniosidérite $(AsO^4)^3Fe^4Ca^3(OH)^9$.

L'arséniosidérite se présente en masses fibreuses concrétionnées, de couleur jaune d'or ou jaune rougeâtre, analogue à celle de l'or mussif. Eclat soyeux (pl. X).

La dureté est très faible. Ce minéral tache les doigts et le papier. La densité est 3,5 à 3,8.

Au chalumeau il se produit un globule magnétique, une odeur arsenicale.

L'arséniosidérite est soluble dans les acides.

Elle existe dans une seule localité française, à Romanèche, où elle a été découverte par T. Lacroix et où elle forme des croûtes sur de la psilomélane.

b) Phosphates et arséniates hydratés.

Vivianite $(PO^4)^2Fe^3.8H^2O$............	
Erythrine $(AsO^4)^2CO^3.8H^2O$.........	monocliniques
Annabergite $(AsO^4)^2Ni^3.8H^2O$.......	
Variscite $(PO^4Al.2H^2O)$............	rhombiques
Scorodite $AsO^4Fe.2H^2O$...........	
Minervite ?	
Brushite $PO^4CaH.2H^2O$........ ...	
Pharmacolithe $AsO^4CaH.2H^2O$......	monocliniques
Huréaulithe $(PO^4)^4(Mn.Fe)^5H^2.4H^2O.$	

Chalcophyllite $AsO^4(Cu.OH)^3Cu(OH)^2, 3\frac{1}{2} H^2O$

Pharmacosidérite $(AsO^4)^3Fe(Fe.OH)^3.6H^2O$

Wawellite $(PO^4)^2(Al.OH)3.4\frac{1}{2} H^2O$

Turquoise $(PO^4)Al^2(OH)^3.H^2O$

Cacoxène $PO^4Fe^2(OH)^3.4\frac{1}{2} H^2O$

Autunite $(PO^4)^2(UO^2)^2Cu.8H^2O$
Chalcolithe $(PO^4)^2(UO^2)^2.8H^2O$

Vivianite $(PO^4)^2Fe^3.8H^2O$.

Bleu de Prusse natif, fer phosphaté, fer azuré.

La vivianite cristallise dans le système monoclinique. Angle $mm = 108°,10$. Clivage parfait suivant g. Elle est probablement incolore, mais au contact de l'air elle prend une couleur bleue. Elle possède un polychroïsme énergique. La poussière est blanc bleuâtre plus ou moins foncée. L'éclat est vitreux, excepté suivant g, où il est nacré. On peut couper la substance au canif. Les lames sont flexibles.

Elle se présente en cristaux, en masses fibro-lamellaires ou en masses radiées ou terreuses (pl. XII).

Dureté faible 1,5 à 2. Densité 2,6 à 2,7.

Au chalumeau et sur le charbon, la vivianite devient rouge et ensuite elle fond en donnant un globule de fer magnétique.

Soluble dans les acides.

On la trouve dans un grand nombre de localités françaises. Dans les mines de Bouiche (Commentry), à Cransac (Aveyron) on trouve de beaux cristaux; dans les ardoisières du Pouldu en Caurec (Côtes-du-Nord), elle se présente en belles lames bleues; à Anglar (Haute-Vienne), à la Vilate, à Arraunts (Basses-Pyrénées).

Erythrine $(AsO^4)^2Co^3.8H^2O$.

Cobalt arséniaté, rhodoïse.

L'érythrine est monoclinique et se présente en cristaux prismatiques striés verticalement, ou en masses globulaires, réniformes, pulvérulentes.

La teinte est couleur de fleur de pêcher (pl. XII). Transparente ou translucide. Eclat adamantin.

Densité 3. Dureté 2.

Donne au chalumeau les caractères de l'arsenic et du cobalt.

On la trouve sous la forme terreuse à Allemont.

Annabergite $(AsO^4)^2Ni^3 . 8H^2O$.

Nickel arséniaté, nickel ocre.

L'annabergite est isomorphe de la vivianite. Elle cristallise dans le système monoclinique. Le clivage est parfait suivant g. Sa couleur est verte et la poussière est blanc verdâtre.

Dureté 2 à 2,5. Densité 3,08 à 3,13.

Au chalumeau, caractère de l'arsenic. Soluble dans les acides. La couleur de la solution est vert pomme.

Localité. — Allemont (Isère).

Scorodite $AsO^4Fe, 2H^2O$.

Cuivre arséniaté ferrifère, néoclèse.

La scorodite cristallise dans le système orthorhombique. L'angle des faces mm est de $98°,6'$.

L'éclat est vitreux, la couleur est verte et la poussière blanche, fragile.

Dureté 3,5 à 4. Densité 3,1 à 3,2.

Au chalumeau donne un globule magnétique et il se produit une odeur arsenicale.

La scorodite, dissoute dans l'acide chlorhydrique, donne une liqueur brune.

Vaulry, Saint-Léonard, Cieux (Haute-Vienne). Là elle se trouve associée à de la cassérite et à du wolfram.

Minervite

Mélange hydraté de phosphate neutre d'alumine et d'un phosphate bibasique de protoxyde de potasse, d'ammoniaque de chaux et de magnésie.

La minervite se montre sous la forme d'une poudre blanche, dont les grains, très ténus, sont des prismes rhomboïdaux ou des lamelles hexagonales ou des triangles équilatéraux à angles tronqués.

Cette substance perd 1/5 de son eau à 180°.

Elle se trouve dans les grottes de Minerve sur les rives de la Cesse (département de l'Aude), où elle a été découverte par M. A Gauthier, et en Algérie, où elle a été étudiée par M. Ad. Carnot.

Brushite PO⁴CaH.2H²O.

La brushite cristallise dans le système monoclinique. $mm = 117°,15'$. Les cristaux sont très petits et le minéral se présente en croûtes.

Elle est incolore ou jaunâtre. L'éclat est nacré suivant g, vitreux dans les autres parties. Très fragile.

Densité 2,2. Dureté 2 à 2,5.

La brushite chauffée à 100° devient opaque. Au chalumeau, elle fond facilement en se gonflant et colore la flamme en vert.

Soluble dans les acides.

On la rencontre dans les grottes renfermant des os fossiles et en France dans la grotte de Minerve (Aude) et à Solutré (Saône-et-Loire).

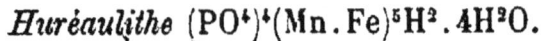

Huréaulithe $(PO^4)^4(Mn.Fe)^5H^2.4H^2O.$

L'huréaulithe est monoclinique $mm = 61°$. Le clivage est imparfait suivant g, la cassure est conchoïdale. La couleur est variable : violette (pl. XII,) rose, brune, incolore.

Dureté 5. Densité 3,2.

Fond facilement au chalumeau et colore la flamme en vert pâle. Réactions du fer et du manganèse. Soluble dans les acides.

Hureaux, canton de Saint-Sylvestre, Haute-Vienne ; la Vilate.

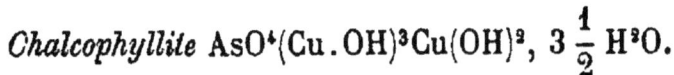

Chalcophyllite $AsO^4(Cu.OH)^3Cu(OH)^2, 3\frac{1}{2}H^2O.$

Erinite, cuivre arseniaté hexagonal lamelliforme.

Elle cristallise en rhomboèdres de 69°,48'.

Le clivage est très facile suivant la base a, trace suivant p. Cassure conchoïdale. La chalcophyllite est transparente ou translucide. Sa couleur est vert émeraude (pl. III), vert d'herbe, vert-de-gris. La poussière est bleu verdâtre. Eclat nacré suivant a, vitreux sur p. Elle est très fragile, bien qu'elle se laisse couper.

La dureté est faible, 2 environ, et la densité est 2,66.

Les caractères qu'on vient d'énumérer permettent donc de distinguer facilement cette substance de l'olivénite.

Localités. — La chalcophyllite se trouve à Cap-Garonne (Var), où elle est associée à l'olivénite, l'adamine, l'azu rite. Tous ces cristaux se trouvent dans les fentes d'une quartzite.

Pharmacosidérite $(AsO^4)^3 Fe(Fe.OH)^3 . 6H^2O.$

Fer arséniaté.

La pharmacosidérite est cubique. Le clivage est imparfait suivant les faces du cube, et la cassure est inégale ou conchoïdale. La couleur est variable, verte, brune, jaunâtre ou noirâtre. Poussière jaune clair. Eclat vitreux.

Dureté 2,5. Densité 3.

Sur le charbon la pharmacosidérite dégage des vapeurs arsenicales et il se forme un globule magnétique. Soluble dans les acides. Dans le matras, elle devient rouge et dégage de l'eau.

Localités. — Saint-Léonard et Vaulry, Cap-Garonne (Var). Elle tapisse des cavités dans des gangues quartzeuses.

Wawellite $(PO^4)^2 (Al.OH)^3 \; 4\frac{1}{2} \, H^2O.$

La wawellite cristallise dans le système orthorhombique. $mm = 126°,25'$. Les cristaux sont souvent en forme d'aiguilles et forment des masses sphériques ou hémisphériques à structure radiée (Pl. IX).

Les clivages sont assez faciles suivant *m* et *g*. La cassure est imparfaitement conchoïdale.

La couleur est très variable, grise, verte, jaune, brune, bleue de différentes teintes. Poussière blanche.

Eclat vitreux sur *m*, un peu nacré sur *g*. Fragile.

La dureté est 3,5 à 4. La densité 2,32 à 2,34.

La wawellite se gonfle au chalumeau. Avec le nitrate de cobalt, donne la coloration bleue, caractéristique de l'alumine.

Soluble dans les acides et la potasse caustique.

Saint-Girons (Ariège), Montébras (Creuse).

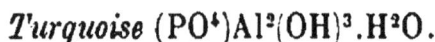

Turquoise $(PO^4)Al^2(OH)^3.H^2O$.

La turquoise se présente avec une structure micro-cristalline.

Sa cassure est conchoïdale ou inégale. Sa couleur est le bleu d'azur (pl. VII), le vert pomme, le vert-de-gris ou le vert pistache. Sa poussière est blanche ou blanc verdâtre. Elle possède un éclat vitreux faible.

La dureté est 6, la densité 2.62 à 2,8.

Infusible au chalumeau, mais colore la flamme en vert. Dans le matras, la turquoise dégage de l'eau et devient noire ou brune. Elle est soluble dans les acides, auxquels elle donne une belle couleur bleue quand on ajoute de l'ammoniaque.

La turquoise dite de vieille roche est très recherchée en joaillerie, la plus appréciée est celle qui vient de Nichapour en Perse; celle qu'on désigne sous le nom de *turquoise de nouvelle roche ou odontolithe* est formée par des ossements ou des dents de mammifères qui ont été colorés en bleu par du phosphate de fer. On distingue très facilement ces turquoises des précédentes en ce que leur dissolution dans les acides ne se colore pas en bleu par l'ammoniaque.

On la trouve à Simorre dans le Gers.

Cacoxène $PO^4Fe^2(OH)^3\ 4\frac{1}{2}\ H^2O$.

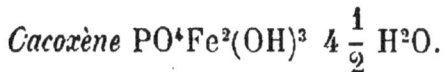

Le cacoxène est orthorhombique, il se présente en fibres et en houppes cristallines, translucides ou opaques, de couleur jaune citron, jaune paille ou jaune d'ocre. La poussière est blanche et l'éclat soyeux.

Dureté 2,3 à 2,4.

Au chalumeau, il colore la flamme en bleu vert et fond en une scorie noire.

Localité. — Rochefort-en-Terre (Morbihan).

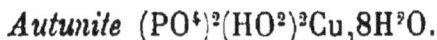

Autunite $(PO^4)^2(HO^2)^3Cu,8H^2O$.

Uranite.

L'autunite cristallise dans le système orthorhombique $mm = 90°.43'$. Clivage facile suivant p, moins facile suivant g et h, plus ou moins facile suivant m.

Cristaux souvent groupés suivant une surface presque parallèle à m. Cette surface est ondulée (pl. XIV).

La couleur est d'un beau jaune citron, jaune de soufre ou vert jaune, poussière jaune de soufre. L'éclat est nacré suivant la base et vitreux sur les autres faces. Très fragile.

La dureté est de 1 à 2 et la densité 3,57.

Au chalumeau, l'autunite fond et donne un globule noir; avec le borax et le sel de phosphore elle donne un vert jaune au feu d'oxydation et vert au feu de réduction. Elle est soluble dans l'acide azotique.

Saint-Symphorien de Marmagne, près Autun; à Saint-Yriex (Haute-Vienne), à Orvault (Loire-Inférieure).

Plomb-gomme $P^2O^{12}Al^4Pb$. $9 H^3O$.

Ce minéral, jaune, brun ou verdâtre, possède un éclat résineux, a l'apparence d'une gomme et se présente en masses globulaires ou réniformes, concrétionnées ou massives (pl. V).

La densité est de 4 à 6,4 et la dureté de 4 à 5.

Décrépite au chalumeau, se gonfle sans fondre totalement, donne les réactions du plomb et de l'alumine.

Ce minéral est assez rare et, en France, on ne le trouve que dans les mines de Huelgoat et à la Nuissière.

Chalcolithe $(PO^4)^2(HO^2)^3$. $8 H^2O$.

La chalcolithe cristallise dans le système quadratique. Elle se clive facilement suivant la base. Elle est vert émeraude. Poussière verte, éclat nacré suivant p, vitreux dans les autres directions.

Densité 3,62. Dureté 2 à 2,5. Très fragile.

Donne au chalumeau et avec la soude un globule de cuivre. Soluble dans les acides.

Montebras (Creuse).

Boracite $B^{16}O^{30}Cl^2Mg^7$.

Magnésie boratée, stassfurtite.

La boracite est cubique et hémiédrique et se présente habituellement sous la forme du cubique, du tétraèdre, de l'octaèdre et même quelquefois du dodécaèdre rhomboïdal. Elle est aussi en masses ressemblant à des calcaires granuleux.

Les cristaux sont blancs, grisâtres, jaunes ou verts.

Eclat vitreux. Cassure conchoïdale. Pyroélectrique. Densité 2,9 à 3. Dureté 7.

Au chalumeau, la boracite fond en se gonflant et donne une perle cristalline blanche colorant la flamme en vert (acide borique). Avec de l'oxyde de cuivre il se produit du chlorure de cuivre colorant la flamme en bleu.

On la trouve en cristaux à Lunéville (Meurthe).

Wulfénite PbMoO⁴.

Mélinose, plomb molybdaté.

La vulfénite se présente en très beaux cristaux appartenant au système quadratique et qui sont très aplatis suivant l'axe p (pl. XIV).

Le clivage est net et la cassure conchoïdale.

L'éclat est résineux, et la couleur variable est le jaune, le gris, le rouge orangé, le brun vert. Fragile. Poussière blanche. Peu transparent, seulement sur les bords.

Dureté 3. Densité 6,9.

La wulfénite fond sur le charbon et donne des globules de plomb.

Soluble dans l'acide chlorhydrique en donnant un dépôt blanc de chlorure de plomb.

La wulfénite décrépite au chalumeau, se rencontre dans un grand nombre de localités françaises où elle accompagne les minerais de plomb.

Challanches (Dauphiné), Macot, Saint-Léonard (Haute-Vienne), la Douze, Propières, Monsols, Chênelette dans le Beaujolais.

Schéelite CaWO⁴.

Schéelin calcaire.

La schéelite cristallise dans le système du prisme à base carrée.

Le clivage est facile suivant les faces de l'octaèdre, la cassure est conchoïdale ou inégale. Transparente sous une très faible épaisseur.

L'éclat est vitreux, un peu adamantin. La couleur est grise, jaunâtre, brunâtre ou rougeâtre. Le minéral est fragile et la poussière blanche.

Dureté 4,5 à 5. Densité 6 à 6,07.

Fusible sur les bords au chalumeau et sur le charbon.

Avec le borax on a un verre transparent, qui devient blanc quand on ajoute une assez grande quantité de substance.

Attaquable par les acides avec dépôt d'une poudre blanche soluble dans l'ammoniaque. La solution chlorhydrique chauffée avec de l'étain devient bleue.

Framont (Vosges), Saint-Lary, vallée d'Aure (Pyrénées).

La schéelite se trouve habituellement dans les roches cristallines et est associée à la cassitérite, à la topaze, à la fluorine, à l'apatite, à la molybdénite, au wolfram, au quartz et quelquefois à l'or.

Wolfram FeMnWO⁵.

Wolframite, schéelin ferrugineux.

Cette substance, qui est un tunsgtate de fer et de manganèse, cristallise en prismes monocliniques. La couleur est noir de fer ou noir brunâtre.

La poussière est de couleur sombre. Cassure inégale et éclat métalloïde. Clivage facile suivant les faces parallèles à la troncature sur h.

Densité 7,5 et dureté 5 à 5,5.

Fusible au chalumeau en une boule noire à la surface cristalline.

Colore la perle de borax en jaune au feu de réduction. La coloration est rouge sombre avec le sel de phosphore.

Dans l'acide chlorhydrique bouillant, le tungstate est décomposé, et il se forme une substance jaune qui est de l'acide tungstique.

Le wolfram est employé pour la fabrication de l'acier de tungstène, pour la préparation de l'acide tungstique et pour la préparation des couleurs.

Gisement. — Le wolfram accompagne souvent les minerais d'étain; associé au quartz, schéelite, pyrite.

Localité. — A Chanteloube près de Limoges.

Tantalite [(TaNb)O³]²Fe.

Baiérine, niobite, torrelite, columbite.

La tantalite cristallise dans le système rhombique. $mm = 113°48'$. Elle se présente en cristaux engagés dans les pegmatites. Ces cristaux sont de couleur noire, ont un éclat faiblement métallique. La poussière est brune.

Dureté 6 à 6,5. Densité 7,8 à 8.

Infusible au chalumeau, insoluble dans les acides, excepté dans un mélange d'acide sulfurique et d'acide fluorhydrique.

Elle se trouve à Chanteloube près de Limoges, dans les roches granitiques.

NEUVIÈME CLASSE

SILICATES

Les silicates forment un groupe très important, tant par les formes nombreuses qu'ils présentent que par le rôle considérable qu'ils jouent dans la nature. Avec le quartz, qui est de la silice pure, ils constituent les roches éruptives, les schistes micacés et les gneiss. La silice, en se combinant avec des proportions diverses d'alumine, de soude, de potasse, de magnésie, de fer, de manganèse, de zinc, de cuivre, donne naissance à un grand nombre de minéraux qui peuvent cependant être réduits à quelques familles. On fait dériver les plus simples de l'acide orthosilicique H^4SiO^4 et de l'acide métasilicique H^2SiO^3, par substitution d'un métal à l'hydrogène représenté dans ces formules. Si on remplace dans l'acide métasilicique H^4 par Zn^2 (le zinc est diatomique), on a la formule $Zn^2SiO^4 = 2(ZnO,SiO^2)$ qui représente le métasilicate de zinc connu en minéralogie sous le nom de *willémite*; mais, comme ces formules sont d'un intérêt purement théorique et que ce livre a plutôt pour but d'initier le lecteur à la détermination pratique des substances que de faire connaître la constitution des espèces, elles seront laissées souvent de côté. Les silicates seront classés d'après les bases.

Les bases que l'on rencontre dans les silicates sont : 1° *Les sesquioxydes* d'alumine (Al^2O^3), de fer (Fe^2O^3), de chrome (Cr^2O^3), etc. Ces trois corps peuvent se remplacer mutuellement. 2° Les protoxydes de fer (FeO), de ma-

gnésium (MgO), de calcium (CaO), de potassium (K^2O),
de sodium (Na^2O), etc. Tous ces corps peuvent se remplacer mutuellement.

Beaucoup de silicates renferment du fluor. On admet
alors que la plupart d'entre eux sont des mélanges isomorphes d'un silicate avec un fluorure : ainsi la topaze est
considérée comme un mélange isomorphe de Al^2SiO^5 et
AlF^3, c'est-à-dire d'un silicate d'alumine avec un fluorure
d'aluminiun.

Du reste, les minéraux silicatés ne forment que quelques groupes qui ont été reconnus depuis longtemps.

Les minéraux composant ces derniers ont souvent
le même facies et des propriétés extérieures semblables,
de telle façon qu'il est bien difficile de déterminer entre
eux des différences établies par l'analyse chimique et les
propriétés optiques ; aussi la description de nombreuses
espèces qu'il est difficile de différencier sera-t-elle, à
dessein, très abrégée.

L'ordre suivi dans la description sera généralement
celui du célèbre Manuel de Minéralogie de M. Des Cloizeaux.

Silicates de protoxydes

GROUPE DU PÉRIDOT

Les minéraux de ce groupe ont pour formule SiO^4R^2.
Les principaux types sont les suivants :

Forstérite SiO^4Mg^2
Monticellite SiO^4MgCa
Olivine $SiO^4 (MgFe)^2$
Fayalite SiO^4Fe^2
Téphroïte SiO^4Mn^2

Le *péridot*, appelé aussi *olivine*, est un monosilicate de magnésie et de fer. Les cristaux dérivant d'un prisme rhomboïdal droit sont rares (fig. 105); ils présentent un clivage assez facile.

Le péridot possède l'éclat vitreux; il est vert, jaune ou brun.

Dureté 6,5 à 7. Densité 3,3 à 3,4.

Infusible au chalumeau. Facilement attaquable par les acides en faisant gelée.

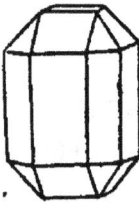

Les cristaux nets et isolés de péridot ne se trouvent guère en France que dans des sables provenant de la désagrégation des roches basaltiques. Le péridot constitue l'un des éléments caractéristiques, des basaltes et des mélaphyres. Dans les basaltes il forme fréquemment avec l'enstatite, le

Fig. 105.

pyroxène vert et le spinelle des nodules atteignant parfois un grand volume (pl. IX). On le rencontre aussi encore dans la *lherzolite* et les *météorites*.

La variété transparente a reçu le nom de *chrysolite*, elle est employée en bijouterie, elle provient principalement d'Orient.

La *fayalite* est un péridot noir de fer à éclat métalloïde dans lequel la magnésie est partiellement et même totalement remplacée par du fer.

Les scories des forges et des feux d'affinage sont fréquemment cristallisées, l'on y rencontre souvent la *fayalite*.

La *limbilite*, la *chusite*, la *villarite* sont des produits d'altération du péridot.

La *téphroïte* est un péridot manganésifère.

GROUPE DES HUMITES

La *humite*, la *clinohumite* et la *chondrodite* sont des fluo-silicates de magnésie, que l'on trouve en grains jaunes ou en cristaux arrondis, appartenant au système mono-clinique ou orthorhombique dans les cipolins métamor-phiques de Saint-Philippe près Sainte-Marie-aux-Mines, etc. Ils possèdent les mêmes propriétés chimi-ques que le péridot. Les beaux cristaux proviennent du Vésuve, de Suède, etc.

Phénacite SiO^4Gl^2.

La *phénacite* est un silicate anhydre de glucine, inco-lore, cristallisant dans le système rhomboédrique. Il ressemble au quartz, mais il est plus dur (7,5 à 8), sa densité est d'environ 3.

Framont (Vosges).

M. Baret a trouvé dans les granulites de Barlin, envi-rons de Nantes, un silicate hydraté de glucine, la *ber-trandite*, en petits cristaux orthorhombiques incolores et hyalins. Ce minéral est extrêmement rare.

A ce groupe il convient de rattacher un silicate d'yttria, de césium, etc., la *gadolinite*, trouvée en cris-taux monocliniques et en masses noires vitreuses dans les pegmatites de Suède et de Norwège.

Silicates hydratés de protoxyde.

Les minéraux magnésiens donnent naissance, par leur décomposition, à des produits très polymorphes, qui ont été décrits sous des noms divers et groupés autour de l'espèce. *serpentine*. Les recherches récentes ont fait voir qu'il fallait réserver le nom de *serpentine* à des produits formés par l'altération de roches riches en silicates magnésiens et renfermant une substance cristallisée.

Chrysolite. — Le chrysolite est tantôt crypto-cristallin (*serpentine noble*), tantôt fibreux, jaune ou vert. Très tendu, il s'étire en filaments comme l'asbeste.

Les *serpentines* sont des roches de couleurs diverses, jaunes ou vertes, onctueuses au toucher. Elles se laissent couper au couteau.

Dureté 3. Densité. 2,47 à 2,6.

Dans le tube elles noircissent en donnant de l'eau ; très difficilement fusibles en émail ; solubles dans l'acide chlorhydrique.

Les serpentines étant des produits d'altération des lherzolites, diorites, diabases, gabbros, etc., peuvent renfermer à l'état intact les éléments de ces roches : c'est que l'on a des serpentines à péridot, à enstatite, à diallage, à amphibole, etc. Ces roches s'emploient dans l'ornementation.

Les noms de *pricolite*, *retinalite*, *baltimorite*, *williamsite*, *thermophyllite*, *cérolite*, ont été donnés à des serpentines offrant des couleurs et des formes spéciales.

$$\textit{Talc} \quad Si^4O^{11}Mg^3, H^2O.$$

Le *talc* est également un silicate hydraté de magnésie : il forme des rosettes composées de lames hexagonales facilement clivables dans une direction. Les lames de clivage sont flexibles, mais non élastiques (pl. XIV); elles se laissent rayer par l'ongle.

Dureté 1 à 1,5. Densité 2,5 à 2,8.

Au chalumeau il jette un vif éclat, s'exfolie et ne fond que très difficilement sur les bords. Difficilement attaquable par les acides bouillants.

Le talc se trouve dans les Alpes, les Maures (Var).

On attribuait autrefois au talc l'élément micacé de la *protogine* et des roches métamorphiques appelées alors *talcschiste*; les études récentes ont fait voir que ce minéral était un mica hydraté, la *séricite*.

La *stéatite* ou *craie de Briançon* est une variété grenue de talc dont la poudre est utilisée dans la ganterie et en médecine.

Magnésite $Si^3O^6Mg^2, 2H^2O$.

La *magnésite* ou *écume de mer* a encore la même composition. Elle est compacte ou en masses terreuses douces au toucher, happant à la langue (pl. XV).

Dureté 2,5. Densité 1,2 à 1,6.

On l'emploie pour la fabrication des pipes d'*écume de mer*. La variété *pierre de savon* est utilisée dans les bains maures d'Algérie. Enfin il existe à Quincy (Cher) une magnésite (*quincyte*) colorée en rose par une matière organique; elle est accompagnée de quartz résinite de même couleur.

Calamine $SiO^4Zn^2 + H^2O$.

La calamine est orthorhombique; ses cristaux sont hémimorphes; c'est un silicate de *zinc hydraté* que l'on trouve en cristaux, en groupe bacillaires, en masses stalactitiques ou amorphes. Éclat vitreux, incolore; blanche, jaune ou verte.

Dureté 5. Densité 3,35 à 3,5.

Dans le matras donne de l'eau; au chalumeau se gonfle; jette un vif éclat et fond difficilement sur les bords. Soluble dans les acides en faisant gelée.

La calamine forme avec la *smithsonite* un des principaux minerais de zinc, on l'exploite notamment à Moresnet (Vieille-Montagne), près d'Aix-la-Chapelle. En France, on la trouve aux environs d'Alais (Gard).

La *willémite* est un silicate anhydre de zinc cristallisant dans le système rhomboédrique.

Dioptase SiO^4Cu,H^2O et *Chrysocole*.

La *dioptase* est un silicate de cuivre hydraté trouvé en beaux rhomboèdres verts dans les steppes des Kirguis (Oural) et à Mindouli (Congo français).

Dans les mines de cuivre, l'on rencontre souvent des masses amorphes vertes ou bleues, à éclat résineux, très fragile, possédant une dureté de 2 à 3 et une densité d'environ 2; elles sont formées par un hydrosilicate de cuivre (chrysocole) avec des quantités variables d'alumine et de fer. Au chalumeau colore la flamme en vert, reste infusible. Soluble dans les acides avec résidu de silice.

Chessy, La Pacaudière (Rhône), Canhaveil (Pyrénées-Orientales).

Silicates de sesquioxyde (alumine et fer).

Les minéraux de ce groupe présentent des aspects très divers, tout en possédant quelques caractères communs. Au point de vue du gisement, ce sont des minéraux métamorphiques des roches chlorito-schisteuses ou des terrains plus récents métamorphosés (cambrien-silurien). Ils sont infusibles au chalumeau ou du moins très peu fusibles et peu attaquables par les acides. Leur densité varie de 3 à 3,6. Réduits en poudre, ils donnent avec l'azotate de colbalt la réaction de l'alumine.

Dans tous ces composés l'alumine peut être remplacée par du sesquioxyde de fer.

Les composants sont les suivants :

Andalousite SiO^5Al^2
Sillimanite SiO^5Al^2
Disthène SiO^5Al^2
Dumortiérite $Si^3O^{18}Al^8$
Staurotide $H^4(Fe, Mg)^6(Al.Fe)^{24}Si^{11}O^{66}$

Les trois premiers ont la même composition.

Andalousite SiO^5Al^2.

Spath adamantin d'un rouge violet, Pierres de macles, Pierres de croix, Macle basaltique, Macle chiastolite.

L'*andalousite* cristallise dans le système du prisme rhomboïdal droit; clivage suivant les faces du prisme; très net dans la variété *chiastolite*.

Dureté 7,5. Densité 3.

Eclat vitreux, rouge de chair, gris de perle, brun

rougeâtre. Facilement décomposée et transformée en un mica blanc hydraté.

Environ de Nantes, de Saint-Brieuc, etc.

On a appelé *chiastolite* (*macle* d'Haüy) de larges cristaux d'andalousite des schistes métamorphiques siluriens de Bretagne et des Pyrénées, renfermant des particules charbonneuses disposées en prismes à leur centre et sur les bords. Ces prismes n'ont pas les mêmes dimensions à leurs deux extrémités, de telle sorte que leur forme se rapproche de celle d'une pyramide très allongée (pl. IX et fig. 106).

Fig. 106.

Bretagne. — Etang des Sailes de Rohan, près Pontivy (Morbihan), Val de Pragnères (Hautes-Pyrénées), environs d'Aulus (Ariège), vallée de Luchon (Haute-Garonne), etc.

Sillimanite Al^2SiO^5.

La *sillimanite* forme de petites masses blanches très tenaces, constituées par l'accolement des cristaux aciculaires dans les gneiss granulitiques des diverses régions de la France. La *fibrolite* est une variété fibrocompacte de sillimanite, avec laquelle on a fabriqué, à l'époque préhistorique, des haches que l'on trouve en abondance dans le plateau central.

Densité 3,3. Dureté de 6 à 7.

Disthène Al^2SiO^5.

Talc bleu, Béril feuilleté.

Le *disthène* (pl. VII) est un silicate d'alumine cristallisant dans le système triclinique, possédant un clivage parfait, lamellaire. Il se trouve en cristaux ou en masses laminaires à grandes lames entrelacées d'un beau bleu dans les micaschistes des Maures (Var), du Morbihan, etc. Les cristaux sont transparents ou translucides, à éclat nacré sur le clivage et vitreux dans les autres directions. Fragiles. Dureté 5 sur les faces de clivage, 6 sur les arêtes et les autres faces.

Dumortiérite $Si^3O^{18}Al^8$.

La *dumortiérite* trouvée par M. Gonnard dans les granulites de Beaunon, près Lyon, est orthorhombique et possède un polychroïsme intense. Sa composition est celle du disthène.

Tous les minéraux précédents offrent la réaction de l'alumine et de la silice.

Nous décrirons ici un minéral longtemps considéré comme un silicate d'alumine et de sesquioxyde de fer, mais dans lequel le fer est aussi à l'état de protoxyde : la *staurotide*.

Staurotide.

La *staurotide* se présente toujours en cristaux appartenant au système orthorhombique, soit simples soit groupés par pénétration (groupement à 90° (fig. 107) ou à 60° (fig. 108). La fréquence de ces groupements a fait donner à la staurotide le nom de *pierre de croix* (pl. III).

Les cristaux sont souvent rugueux. Clivages impar-

faits. Rouge foncé, brun noirâtre, poussière blanche.
Dureté 7 à 7,5.

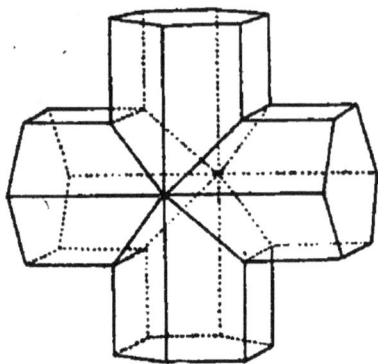
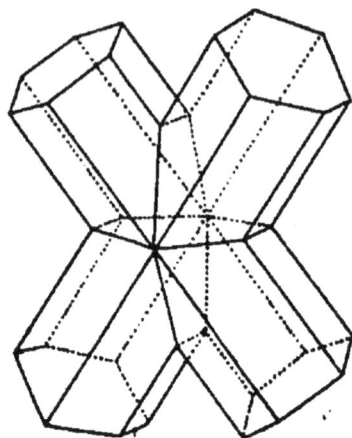

Fig. 107.   Fig. 108.

La staurotide accompagnée de grenats, tourmaline, se trouve dans les mêmes gisements que le disthène.

Topaze Al²SiO⁵ AL²SiF²O⁴.

La topaze (pl. XVII) est un silicate fluoré d'alumine. Elle
cristallise dans le système orthorhombique et elle est hémimorphe. Les cristaux peuvent présenter diverses couleurs, être jaunes, bleus, incolores. La topaze jaune du
Brésil devient rose quand on la chauffe, elle est alors
connue en bijouterie sous le nom de topaze brûlée. La
topaze présente un clivage facile suivant la base ; il
suffit de frapper légèrement un cristal avec un marteau
pour obtenir la séparation par clivage en plusieurs
morceaux. Ce clivage permet de la distinguer facilement des autres substances.

La densité est de 3,5 environ et la dureté de 8.

La topaze est infusible au chalumeau et inattaquable aux acides ; traitée à haute température par le sel de phosphore, elle dégage du fluor.

La topaze se montre surtout dans les granulites et dans les filons stannifères. On l'a rencontrée récemment dans des rhyolites américaines.

En France on la trouve en petits cristaux dans les filons stannifères de la Villeder. M. Lacroix a rencontré la variété massive (*pyrophysalite*) dans les granulites à lépidolite d'Ambazac (près de Limoges).

Pyrophyllite.

La *pyrophyllite* en lamelles micacées et la *pholérite* en petites écailles ou en masses granuleuses ou amorphes, happant à la langue, sont des silicates hydratés d'alumine. Donnent de l'eau dans le tube, inattaquables par les acides.

La *pholérite* a été trouvée en enduits minces à Fins (Allier), à Rive-de-Gier (Loire), etc.

La *carpholithe* est un silicate hydraté d'alumine, de sesquioxyde de fer et manganèse. Fibres d'un jaune de paille. Comme les deux minéraux précédents, se gonfle beaucoup au chalumeau.

Très rare. Montsals (Rhône).

L'*agalmatolithe* ou *pierre de Moyat* est un silicate d'alumine compact, onctueux au toucher, qui, en Chine, sert à faire de petits objets d'ornementation.

Silicates de sesquioxyde et de protoxyde.

Les épidotes sont des silicates d'alumine (ou de sesqui-oxyde de fer) et de chaux.

Dureté 6 à 6,5. Densité 3,25 à 3,36.

Insoluble dans les acides, mais faisant gelée, après calcination, avec bouillonnement, en donnant une scorie en forme de chou-fleur.

Epidotes { monoclinique   Épidote.
          { orthorhombique   Zoisite.

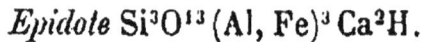

Épidote $Si^3O^{13}(Al, Fe)^3 Ca^2H$.

Schorl vert du Dauphiné, Thallite, Delphinite, Oisanite.

L'épidote est fréquente dans toutes les roches érup-tives à l'état de produit secondaire ; on la trouve en très beaux cristaux dans les fentes des roches métamor-phiques du Dauphiné, etc.

L'épidote est d'un vert plus ou moins foncé. Elle est très polychroïque. Les cristaux sont verts lorsqu'on les regarde dans un sens et bruns dans la direction perpen-diculaire. Clivage facile, parallèle à l'allongement des aiguilles. Elle forme soit des cristaux nets, soit des groupements ou des masses bacillaires (pl. XVI). Trans-parente ou translucide.

Dauphiné. Bourg-d'Oisans.

On connaît une épidote manganésifère, la *piémontite*, trouvée en masses bacillaires dans les mines de man-ganèse de Saint-Marcel (Piémont).

Zoïsite.

La *zoïsite* se présente très rarement en cristaux nets : elle forme ordinairement des masses bacillaires d'un gris jaunâtre, translucides ou opaques.

Elle diffère de l'épidote par l'absence de fer.

Elle a été signalée par M. Baret à Saint-Philibert-de-Grandlieu (Loire-Inférieure).

L'*orthite* et l'*allanite* sont des épidotes contenant du césium (Norwège, Groënland).

Axinite (SiO⁴)' BoAl²R³H.

Schorl violet, schorl transparent lenticulaire.

Tandis que les minéraux du groupe précédent sont des silicates d'alumine et de chaux, l'axinite renferme en outre de l'acide borique. Elle est très facile à reconnaître grâce à la forme de ses cristaux, qui sont tranchants (pl. V, X). Ils appartiennent au système triclinique. L'angle des faces *m* et *t* est très aigu.

L'axinite ne possède pas de clivages. Sa dureté est variable,

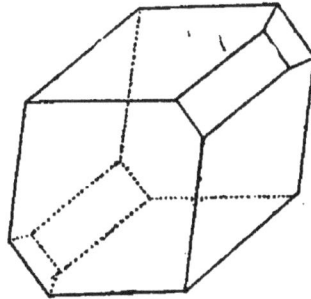

Fig. 109.

elle est comprise entre celle feldspath orthose et celle de la topaze. Sa densité est 3.3. Sa couleur est violacée ou verdâtre. Elle est translucide ou transparente. Elle est pyroélectrique quand on la chauffe à 30°.

Inattaquable aux acides, mais fond assez facilement au

chalumeau en un verre sombre boursouflé. Avec le
borax et au feu d'oxydation elle donne une perle violette, qui devient jaune au feu de réduction. La coloration violette est due à du manganèse et la seconde à du
fer. Ces deux métaux existent en quantité plus ou
moins grande dans toutes les axinites. L'axinite, fondue
avec du bisulfate et du chlorure de potassium et mise
sur lame de platine, colore la flamme en vert, ce
qui caractérise l'acide borique.

L'axinite se rencontre en beaux cristaux à Saint-
Christophe près du Bourg-d'Oisans, où elle est associée
à l'albite, à la prehnite et au quartz.

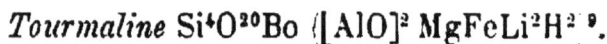

Tourmaline $Si^4O^{20}Bo$ $([AlO]^2 MgFeLi^2H^{2})^9$.

Schorl rouge.

La tourmaline (pl. III) est un silico-borate hydraté d'a-
lumine et d'une autre base, qui peut être de la magnésie,
du protoxyde de fer, de la lithine. Elle présente des couleurs très variées : noire, verte, jaune verdâtre, rouge,
bleue, etc. Elle cristallise dans le système rhomboédrique, mais les cristaux se présentent en prismes
allongés, terminés à une extrémité par une pyramide à
3 faces, alors qu'à l'autre bout le prisme est terminé
d'une façon différente. La section est un triangle dont
les trois côtés sont ronds. La tourmaline se présente
aussi en masses bacillaires fibreuses ou rayonnées. Ces
cristaux peuvent atteindre des dimensions considérables.

La densité est voisine de 3 et la dureté est égale à
celle du quartz ; aussi les échantillons bien homogènes

et ayant une belle couleur sont-ils taillés pour la bijouterie. La tourmaline rouge imite fort bien le rubis oriental.

La tourmaline ne présente pas la même couleur suivant les directions du cristal observées. En outre, elle
présente des propriétés électriques en rapport avec la
symétrie du cristal qui n'est pas terminé de la même
façon à ses deux extrémités. Quand on la chauffe les
deux bouts d'un cristal prennent des électricités de
signe différent.

Au chalumeau, la tourmaline donne, lorsqu'elle est
fondue avec le bisulfate de potasse mélangé au fluorure
de calcium, la réaction du bore Elle est facilement fusible quand elle est colorée ; rose ou incolore (tourmaline
lithique) elle est infusible, mais se décolore ou blanchit.
Insoluble dans les acides.

La tourmaline se rencontre principalement dans les
granulites, les pegmatites, les schistes cristallins ; elle
se trouve quelquefois en inclusions dans le quartz.

GROUPE DES WERNÉRITES

Les minéraux de ce groupe cristallisent dans le système
du prisme droit à base carrée. Ce sont des silicates
d'alumine et de protoxyde (chaux, soude). Ils sont attaquables par les acides et fusibles au chalumeau en un
verre bulleux.

Ils sont nombreux : *méionite* $Si^6O^{25}Al^6Ca^4$, *wernérite*,
couzéranite (Dipyre), *sarcolite*, *gehlénite*, etc.

La *couzéranite* (dipyre) est fréquente dans les calcaires métamorphiques des Pyrénées, où elle forme

des prismes carrés ou octogonaux, quelquefois incolores et transparents, le plus souvent blancs, jaunes
ou noirs.

Dureté 5 à 6. Densité 2,6 à 2,7.

Pyrénées : Libarens, Mauléon (Basses-Pyrénées),
Pouzac, environs de Bagnères-de-Bigorre, Sentenac,
près Seix (Ariège).

Joignons à ces minéraux : la *humboldtilite* ou *mélilite*
(silicate d'alumine et de chaux), également quadratique
que l'on n'a encore trouvée qu'au Vésuve. On rencontre
fréquemment dans les scories de haut fourneau ou les
verreries des cristaux quadratiques ayant la composition
de la humboldtilite naturelle.

GROUPE DES ARGILES

Nous grouperons ici, pour nous conformer à l'usage,
un certain nombre de substances amorphes provenant
de la décomposition d'autres minéraux et auxquelles on
a malheureusement infligé un grand nombre de noms.
Ce sont des silicates hydratés d'alumine ou de dépôts
sédimentaires et de sesquioxyde de fer. Ils sont tous
plus ou moins attaquables pas les acides, infusibles au
chalumeau : lorsqu'ils ne contiennent que peu ou pas de
fer, ils offrent la réaction de l'alumine. Donnent beaucoup d'eau dans le tube.

Halloysite. — Cassure conchoïdale. Eclat vitreux.
Blanc de lait, verte, jaune, bleue, rose. Onctueuse au
toucher, happe à la langue.

Dureté 1 à 2. Densité 1,9 à 2,1.

Se trouve dans les gisements métallifères :
Romanèche (Saône-et-Loire), Saint-Martin-de-Thi-
viers près Nontron, La Voulte (Ardèche), Huelgoat et
Poullauen (Bretagne), etc.

Variétés roses : *montmorillonnite* et *confolensite* de
Montmorillon (Vienne), Confolens et environs de Thi-
viers (Dordogne). *Delanouite* des mines de manganèse de
Millac (Dordogne).

Variétés blanches : *Lenzinite*, la Vilate, près Chanteloube (Haute-Vienne) dans les pegmatites; *séverite*, à
Saint-Sever (Landes).

La lithomarge est une variété brune.

Allophane. — Masses mamelonnées, rognons ou en
duits : bleus, verts, jaunes, rouges ou blancs; éclat vitreux, raclure éclatante.

Dureté 3. Densité 1,8 à 2.

On la trouve à Chessy (Rhône), Canaveilles (Pyrénées-Orientales), Frémy (Aveyron), à Beauvais (Oise)
dans la craie.

Variétés : Collyrite, blanche, happe à la langue; dans
l'eau se fendille et devient translucide, grasse au toucher.

Au vallon d'Esquery (vallée de Larboust, Pyrénées) dans un filon de galène et environs de Poitiers
(Vienne).

Argiles proprement dites.

Nous diviserons les argiles proprement dites en :
1° Argiles à poterie,
2° Argiles produites par la décomposition sur place
(kaolins).

13

3° Terres à foulons et argiles produites par des dépôts chimiques.

Argile à poterie, argile plastique. — Happe fortement à la langue, se délaye facilement dans l'eau en formant une pâte liante et plastique pouvant être modelée. Très tendre, se polit à l'ongle. Densité 1,7 à 2,7. Au contact de l'air, perd une partie de son eau en se fendillant par suite d'un retrait considérable. Ce retrait augmente beaucoup par la calcination : chauffée au rouge blanc, l'argile perd toute son eau et devient assez dure pour faire feu au briquet.

Il est inutile d'insister ici sur les usages des argiles, ils sont présents aux yeux de tous.

La *marne* est de l'argile renfermant de 25 à 50 0/0 de calcaire; la marne se dilate à l'air; on sait quel parti l'on en a tiré pour l'ameublissement et l'amendement des terrains.

Kaolin. — Le kaolin est une substance blanche, onctueuse au toucher, formée de silice d'alumine et d'eau : c'est le produit de la décomposition (par perte de leur alcali) des feldspaths. Densité 2,21 à 2,26. Attaquable seulement par l'acide sulfurique bouillant.

Le kaolin, séparé par lavage du quartz et du mica qui l'accompagnent (pegmatites), sert à fabriquer la porcelaine.

Limoges (Haute-Vienne).

Argile smectique, terres à foulons. — Masses terreuses prenant un éclat gras dans la raclure; brune, jaune, gris verdâtre. Dans l'eau elle forme une masse spongieuse ou plastique. L'argile smectique jouit de la propriété

d'absorber les graisses; elle est employée pour dégrais-
ser les étoffes de laine. Densité 1,7 à 2,4. Elle se distingue
des argiles précédentes par sa fusibilité au chalumeau
en émail gris, opaque.

Elle forme des couches intercalées dans les terrains
jurassiques et crétacés.

Condé-sur-Vègre, près Houdin (Seine-et-Oise).

La *farine fossile* des Chinois est blanche et terreuse :
elle possède une légère odeur aromatique, qui augmente
lorsqu'on la délaye dans l'eau. Elle renferme 2/10.000
d'azote. Elle a en Chine la réputation d'être alimen-
taire.

Les *bols* sont des substances argileuses renfermant
une quantité notable de sesquioxyde de fer. Ils sont
bruns ou rouges; ils happent fortement à la langue;
dans l'eau, ils se brisent en petits fragments sans se
ramollir. Gras au toucher.

Dureté 1,5 à 2,5. Densité 1,5 à 2.

Fusible en un émail brun.

Mâcon. Environs de Beauvais.

La *terre de Sinope* employée en peinture est un bol d'un
beau rouge brique. Asie Mineure.

Enfin, il faut encore ranger dans ce groupe un silicate
hydraté de sesquioxyde, jaune serin, à toucher onctueux, la *nontronite*, Nontron (Dordogne), Montmort,
Autun (Saône-et-Loire), ainsi que des argiles chromi-
fères; le *chromocre* des environs du Creusot (Saône-et-
Loire), qui colore en vert des arkoses triasiques, et la
wolkonskoïte du gouvernement de Perm (Russie), qui
est employée en peinture.

GROUPE DE GRENATS

Les grenats (pl. XII) cristallisent dans le système cubique : leurs formes habituelles sont le dodécaèdre rhomboïdal et le trapézoèdre avec des modifications plus ou moins nombreuses (fig. 110, 111 et 112).

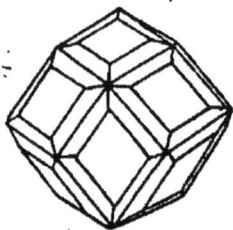

Fig. 110.

Ils possèdent l'éclat vitreux, leur dureté varie de 6 à 8, leur densité de 3,4 à 4. Ils sont assez difficilement solubles dans les acides.

Au point de vue de la composition chimique, ce sont des silicates d'alumine et d'une base

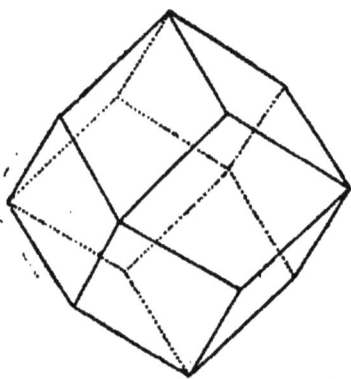

Fig. 111.

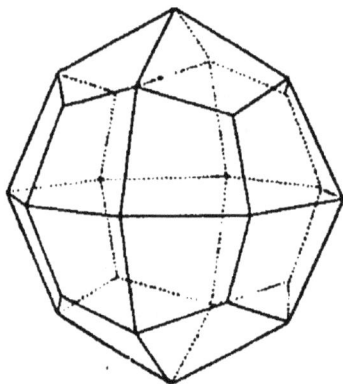

Fig. 112.

monoxyde. L'alumine peut être remplacée partiellement ou même complètement par du sesquioxyde de fer ou de chrome. La base monoxyde est de la chaux, du fer ou du manganèse.

Le tableau suivant donne la classification des grenats :

		base sesquioxyde	base protoxyde	formule
Grenats	Grossulaire	Alumine	Chaux	$Ca^3Al^2Si^3O^{12}$
	Almandin	Alumine	Fer	$Fe^3Al^2Si^3O^{12}$
	Mélanite	Fer	Chaux	$Ca^3Fe^2Si^3O^{12}$
	Pyrope	Alumine	Magnésie	$Mg^3Al^2Si^3O^{12}$
	Spessartine	Alumine	Manganèse	$Mn^3Al^2Si^3O^{13}$
	Ouwarowite	Chrome	Chaux	$Ca^3Cr^2Si^3O^{12}$

Le *grossulaire* est rouge hyacinthe, vert, jaune, blanc ; il fond facilement en un verre non magnétique. La variété rouge hyacinthe est employée en bijouterie.

La densité est 3,5 et la dureté 6,5 à 7.

Pyrénées. Pic d'Arbizan où il accompagne l'idocrase. Carrière de l'Etang, près de Saint-Nazaire ; Barbin, etc.

L'*almandin* est la variété de grenat la plus abondante ; on la trouve en cristaux très nets dans les gneiss et miscaschistes, dans les granulites (pegmatites). Fusible en une perle noire magnétique. Rouge, rouge brunâtre, brun.

La variété *pyrope*, que l'on trouve en Bohême, est beaucoup employée en bijouterie. On la trouve dans les péridotites. En France on la rencontre dans la lherzolite de Moncaut, dans les péridotites des Vosges. Sainte-Sabine, Charmes, etc., etc. Loire-Inférieure, Morvan.

Le *mélanite* est noir, brun ou vert. Au chalumeau il se comporte comme l'almandin. Sa densité est 3,4 et sa dureté 7.

La variété *pyrénéite* se trouve en petits dodécaèdres

noirs, dans les calcaires métamorphiques du pic d'Espada et d'Eredlitz, près Barèges (Hautes-Pyrénées).

Lantigné (Beaujolais).

La *spessartine* est plus rare, on la rencontre dans les pegmatites des environs de Limoges en masses granulaires, d'un rouge brun, facilement fusible en un globule noir.

L'*ouwarowite* est un grenat de chrome et de chaux d'un beau vert émeraude. On ne l'a pas trouvé en France. Cependant on rencontre à Venasque (Pyrénées) un grenat vert chromifère, ayant une composition intermédiaire entre la grossulaire et l'ouwarowite.

Idocrase.

L'*idocrase* possède une composition chimique très voisine de celle des grenats. Elle en diffère cependant par son système cristallin. Elle cristallise dans le système du prisme droit à base carrée. '

Sa dureté est 6,5. Sa densité 3,5 à 3,45. C'est un silicate d'alumine et de sesquioxyde de fer, de chaux et de magnésie. Facilement fusible en un verre vert ou brun. Sa couleur est le brun jaune ou vert (pl. IV).

Pyrénées (dolomies du Pic d'Arbizan, où il est associé avec le grenat granulaire. Souvent les deux minéraux ont cristallisé ensemble et se sont pénétrés mutuellement).

L'*ilvaïte* est un silicate d'alumine (et de sesquioxyde de fer), de chaux et de protoxyde de fer; en cristaux noirs dérivant du prisme rhomboïdal droit. Ile d'Elbe.

GROUPE DES PYROXÈNES

Les minéraux de ce groupe sont des bisilicates d'une base monoxyde (magnésie, chaux ou protoxyde de fer). Ils sont insolubles dans les acides et plus ou moins fusibles au chalumeau (l'enstatite excepté). Leur dureté varie de 5 à 6, leur densité de 3 à 3,6. Leur caractère distinctif des amphiboles, qui possèdent la même composition chimique, est de se cliver suivant les faces d'un prisme de 87°.

On peut les diviser en trois groupes :

P. ⎰
- orthorhombiques ⎰ Enstatite (magnésie) SiO^3Mg.
  ⎱ Hypersthène (fer et magnésie) SiO^3 (Mg, Fe).
- monocliniques ⎰ Diopside Diallage (chaux et magnésie) SiO^3 (Ca, Mg, Fe).
  ⎟ Hédenbergite (fer et chaux).
  ⎱ Augite (chaux, magnésie, fer et alumine).
- triclinique . . . . Rhodonite.

L'*enstatite* est jaune verdâtre parfois transparente. On la rencontre associée au péridot dans les nodules de basalte (Auvergne), dans la lherzolithe (lac de Lherz, Ariège, Pyrénées), dans les serpentines (variété *bronzite*).

L'*hypersthène* possède, outre les clivages du pyroxène, un autre clivage très facile, donnant au minéral un aspect lamellaire. Il a un éclat bronzé et une couleur noire avec reflet rouge cuivreux, bien caractéristique. Il forme avec le feldspath labrador, une roche spéciale, qui a reçu le nom de *norite* et que l'on trouve à Arvieu (Aveyron). Il existe aussi en petites aiguilles brunes transparentes dans le trachyte du Capucin (Mont-Dore),

Le *diopside* est un minéral des druses ou des roches métamorphiques; il se présente en cristaux incolores ou verts, souvent transparents; on le rencontre dans les cipolins de la carrière Saint-Philippe, près Sainte-Marie-aux-Mines, à Huelgoat (Finistère), dans les Alpes et les Pyrénées.

Le *diallage* (pl. IX) possède un clivage très facile semblable à celui de l'hypersthène, avec éclat noir et métalloïde sur cette face de clivage, il est gris ou brun tombac ; il forme l'élément caractéristique des roches appelées *gabbros* ou *euphotide*.

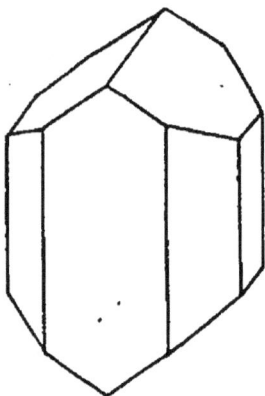

Mont Genèvre. Loire-Inférieure. Bretagne. Corse, etc.

L'*hédenbergite* est un pyroxène riche en fer, de couleur noire, que l'on rencontre en Suède.

Fig. 113.

L'*augite* forme l'élément essentiel des diabases, mélaphyres, basaltes, etc.; on le rencontre dans presque toutes les roches volcaniques (trachytes, andésites, etc.). Il est noir (pl. XIII, fig. 113) et fusible au chalumeau en un verre noir magnétique.

Ses cristaux sont très nets et abondants en Auvergne et dans le Vivarais.

A la suite des pyroxènes proprement dits, il faut citer un bisilicate de chaux la *wollastonite* SiO_3Ca, que l'on trouve en grandes aiguilles blanches, facilement solubles dans l'acide chlorhydrique en faisant gelée, à Roguèdre (Morbihan), Saint-Clément (Puy-de-Dôme), dans les

Pyrénées. Cette substance se produit fréquemment par décomposition des espèces minérales riches en chaux.

Dureté 5. Densité 2,8.

La *rhodonite* (pl. VI) est un bisilicate de manganèse de couleur rose.

Dureté 5,5 à 6,5. Densité 6,12.

Fusible au chalumeau en un verre brun, attaquable par les acides. Vallée de Lourmi (Pyrénées).

La *jadéite* est un silicate d'alumine, de soude, de chaux, etc., en masses compactes ou fibreuses, d'un blanc verdâtre, très tenaces.

Dureté 6,5 à 7. Densité 3,33 à 3,35.

On ne la connaît pas en place en France, mais on la trouve fréquemment sous forme de haches polies de l'époque préhistorique. En Chine elle est employée pour la fabrication d'objets d'ornementation.

GROUPE DES AMPHIBOLES

Les propriétés chimiques des amphiboles sont les mêmes que celles des pyroxènes, elles n'en diffèrent que par l'angle de leurs clivages qui est de 124°.

On les divise de même en :

Amphiboles
- cristallisant dans le système orthorhombique
  - Anthophyllite (magnésie, fer).
  - Gédrite (fer, magnésie [alumine]).
- cristallisant dans le système monoclinique
  - Trémolite (magnésie et chaux).
  - Actinote (fer et magnésie).
  - Hornblende (magnésie, chaux, fer [alumine]).
  - Glaucophane (magnésie, fer, soude [alumine]).

L'*anthophyllite* et la *gédrite* possèdent un clivage très

facile, analogue à celui de l'hypersthène, elles forment des masses fibreuses ou lamellaires dans les gneiss. La couleur ést brun de cannelle à brun jaune.

Dureté 5,5. Densité 3,26.

La *gédrite* a été trouvée pour la première fois à Gèdres (Hautes-Pyrénées).

La *trémolite* est une amphibole blanche; elle est rarement en cristaux nets; elle se présente ordinairement en masses fibreuses ou en cristaux aciculaires dans les roches métamorphiques.

Le *jade*, qui sert à fabriquer dans l'Orient de petits objets d'ornement remarquables pas leur délicatesse de sculpture, est une variété compacte, blanche ou verdâtre de *trémolite*.

Il en est de même de l'*asbeste* (pl. VII) ou amiante, dont les gisements sont les druses des roches cristallines (Alpes du Dauphiné, Pyrénées). Cette variété, en fils déliés et ressemblant à de la soie, se travaille très facilement et sert à fabriquer des tissus incombustibles.

Le *carton de montagne*, le *liège de montagne* sont des variétés d'*asbeste*. On a appelé *byssolite* de petites houppes soyeuses d'asbeste accompagnant le feldspath albite du Dauphiné.

L'*actinote* est verte de diverses nuances; elle se trouve dans les micaschistes, à l'état secondaire et dans un grand nombre de roches éruptives.

Elle se présente en longues aiguilles à éclat vitreux, offrant souvent une structure rayonnée.

Loire-Inférieure. Alpes.

La *crocidolite* est une actinote sodique bleue. Dans la colonie du Cap, on a trouvé des épigénies en quartz de crocidolite, tantôt jaunes tantôt bleues. Cette substance, constituant de belles fibres à éclat chatoyant, est taillée en cabochon et vendue sous le nom d'*œil-de-tigre* (pl. XIX).

Elle se présente souvent en fibres ressemblant à de l'amiante, mais on la distingue de cette dernière par la fusibilité. La crocidolite fond à la flamme d'une bougie.

La crocidolite a été trouvée en France à Dence (Maine-et-Loire) et dans les Vosges.

La *hornblende* (pl. XV) est l'amphibole la plus abondante, on la trouve rarement en cristaux nets, mais très abondamment en masses lamellaires. Elle présente deux variétés bien distinctes suivant son gisement.

La hornblende des roches éruptives anciennes et des roches de la série gneissique ou métamorphique est verte de diverses nuances.

Celle des roches volcaniques au contraire, *hornblende basaltique*, *basaltine*, est *noire*. Densité 3 à 4.

La hornblende forme l'élément caractéristique des gneiss et micaschistes et schistes amphiboliques (amphibolites), des diorites.

On la trouve aussi dans les roches à pyroxènes (diabases) où elle épigénise le pyroxène. Cette épigénie a reçu le nom d'*ouralitisation*.

La hornblende basaltique se rencontre dans les trachytes, andésites, etc. Cette dernière variété fournit parfois de beaux cristaux (pl. XV).

Étant donnée la dissémination de ce minéral, il n'y a pas lieu de citer particulièrement aucune localité française.

La *smaragdite* est l'amphibole d'un vert d'herbe

de quelques euphotides (verde di corsia). Corse.

La *grunérite* est une amphibole exclusivement ferrugineuse, jaune foncé, en petites aiguilles facilement clivables suivant deux directions caractéristiques. Collobrières (Var).

La *glaucophane* (amphibole alumineuse et sodique) se trouve à l'île de Groix (Morbihan) en cristaux ou en masses fibreuses d'un très beau bleu, dans l'étage des micaschistes à minéraux.

GROUPE DES FELDSPATHS

Les feldspaths occupent une place considérable parmi les éléments des roches éruptives : ils forment la partie essentielle de la plupart d'entre elles.

Ce sont des minéraux incolores ou blancs, ne prenant des teintes rosées, rouges ou vertes que par altération. Les cristaux suffisamment purs sont transparents. Leur caractère distinctif réside dans l'existence de deux clivages faisant un angle de 90° à 87°, suivant les espèces.

Leur dureté est de 6. Leur densité varie de 2,5 à 2,7.

On les divise en deux classes, suivant qu'ils appartiennent à l'un des systèmes monoclinique ou triclinique. Les feldspaths tricliniques présentent une macle caractéristique, dite *macle de l'albite*, se répétant un grand nombre de fois et se manifestant sur le clivage facile par des stries parallèles au second clivage.

Au point de vue de la composition chimique, les feldspaths sont des silicates d'alumine et d'une base monoxyde.

Le tableau suivant donne leur classification. Ils sont rangés par richesse décroissante en silice.

Feldspaths
{
monoclinique — Orthose (potasse).
tricliniques, — Microcline (potasse).
caractérisés — Albite (soude).
par des stries — Oligoclase (soude et chaux).
sur le clivage facile, — Andésine (soude et chaux).
dues à la macle — Labrador (chaux et soude).
de l'albite — Anorthite (chaux).
}

Au chalumeau, les feldspaths sont difficilement fusibles en un verre bulleux; ils sont d'autant moins fusibles qu'ils sont plus riches en silice.

L'anorthite est facilement soluble dans les acides en faisant gelée; le labrador est très difficilement attaqué par les acides; les autres feldspaths sont complètement inattaquables.

Orthose Si^3O^8KAl.

L'orthose se présente fréquemment dans les granites et les microgranulites en cristaux simples (fig. 114) ou

Fig. 114.

Fig. 115.

maclés. La macle la plus fréquente est la macle de Karlsbad (fig. 115), dans laquelle deux cristaux sont accolés suivant leur plan de symétrie; l'un des cristaux restant fixe, le second tourne de 180° autour de l'arête verticale du prisme (pl. XVII).

Souvent l'orthose se trouve en masses laminaires ou granulaires d'un rouge de chair ou blanc rosé ou blanches.

Il constitue l'un des éléments essentiels des granites. granulites, microgranulites, porphyres, de la syénite, des gneiss, etc.

L'orthose des roches volcaniques et toujours transparente ; elle possède un éclat vitreux caractéristique ; on lui a donné le nom de *sanidine*. On la trouve dans les trachytes, les andésites.

Les cristaux d'orthose qui tapissent les druses des roches métamorphiques et, en général, toutes les variétés transparentes ont reçu le nom d'*adulaire*.

Le *microcline* ne se distingue de l'orthose que par l'angle des deux clivages faciles qui est de 90°,30' au lieu de 90° orthose); il renferme un peu de soude due à des inclusions d'albite. Son gisement favori est la granulite et la pegmatite.

Gisements de l'adulaire : Alpes. Dauphiné.

Orthose. — Four-la-Brouque (Auvergne). La Clayette. Matouse (Saône-et-Loire), etc.

Sanidine. — Trachytes d'Auvergne.

Albite Si^3O^8NaAl.

L'albite est rare comme élément constitutif des roches. On la trouve plus spécialement en cristaux dans les druses.

Elle est toujours maclée. La principale macle est celle dite de l'albite, dans laquelle la face d'association de deux ou plusieurs cristaux composants est la même que pour la macle de Karlsbad, mais dans laquelle la rotation de 180° a lieu autour d'un axe perpendiculaire à la face d'accouplement (fig. 116). Les cristaux ainsi maclés présentent une gouttière très caractéristique. On a vu

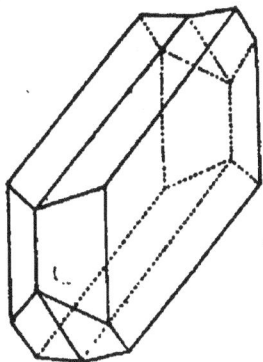 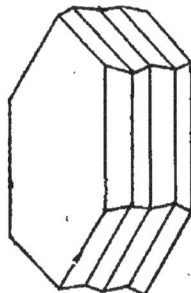

Fig. 116.   Fig. 117.

plus haut que cette macle, se reproduisant un grand nombre de fois, produit sur le clivage facile des cristaux les cannelures caractéristiques des feldspaths tricliniques (fig. 117).

Les cristaux d'albite sont incolores ; les cristaux blancs laiteux possédant une macle formée par l'accolement avec pénétration de deux cristaux suivant la section rhombique qui coupe suivant un rhombe le prisme primitif, et qui est assez voisine de *t*, ont été appelés *périkline*.

Alpes du Dauphiné, Pont-Percé, près d'Alençon, etc.

Oligoclase.

L'oligoclase est très rare en cristaux, il forme des masses laminaires blanches où verdâtres dans les granites, granulites. diabases, diorites.

On le trouve en petits cristaux (microlithes) consti-tuant le magma microscopique des *andésites*.

L'*andésine* forme des cristaux d'un blanc de lait dans le porphyre bleu (dacite) de l'Esterel, des masses la-minaires dans les gneiss de l'Autunois.

Le *labrador* est extrêmement rare en cristaux; on le trouve en masses lamellaires blanches dans les diorites, diabases, euphotides, norites, dont il constitue un des éléments essentiels, ou microlithes dans les labradorites et basaltes, mélaphyres, etc.

La *saussurite* est une variété grenue de labrador for-mant l'élément feldspathique des euphotides du mont Genèvre, de Corse, etc.

Anorthite $Si^2O^8Al^2Ca$.

L'*anorthite* n'existe en cristaux nets que dans les roches volcaniques de quelques localités (Vésuve, etc.). En France, on la rencontre en masses laminaires dans quelques gabbros (Saint-Clément, Puy-de-Dôme), py-roxérite (Roguedon, Morbihan) ou diorite (diorite orbi-culaire de Corse).

La classification des roches éruptives est basée sur la connaissance des feldspaths qu'elles renferment; nous donnerons la classification adoptée par MM. Fou-qué et Michel Lévy, et modifiée par M. A. Lacroix, à la page 227 et suiv.

FELDSPATHOÏDES

Leucite.

La *leucite* ou *amphigène* a une composition voisine de celle du feldspath orthose. Elle est pseudocubique et cristallise en trapézoèdres (pl. IX). On la rencontre au

Vésuve, sur les bords du Rhin, dans des roches volcaniques qui ont reçu le nom de leuco-téphrites, leucitophyres, leucitites.

Néphéline.

La *néphéline* est un silicate d'alumine de chaux et de soude, facilement attaquable par les acides en faisant gelée, et fusible au chalumeau en un verre bulleux.

Elle cristallise dans le système hexagonal. Elle est incolore, possède un éclat vitreux, résineux dans la cassure.

La néphéline est l'élément caractéristique des phonolithes : on la trouve en Auvergne, dans le Vivarais.

Pétalite et triphane.

Le *pétalite* et le *triphane* sont des minéraux rares, possédant les clivages des feldspaths et renfermant de la lithine; on ne les a pas signalés en France.

Haüyne et sodalite.

L'*haüyne*, l'*outremer* et la *sodalite* peuvent être considérés comme des sortes de feldspaths très basiques renfermant de l'acide sulfurique ou du chlore.

L'*haüyne* cristallise dans le système cubique; elle est bleue ou brune (variété noséane). C'est un silicate d'alumine de chaux, de soude et de potasse, avec 12 à 13 0/0 d'acide sulfurique.

Dureté 5,5. Densité 2,3 à 2,4.

Au chalumeau difficilement fusible, décrépite. Soluble en faisant gelée dans l'acide chlorhydrique.

L'haüyne est un élément presque constant et très

14

caractéristique des phonolithes. Auvergne. Vivarais

L'*outremer* ou *lapis-lazuli* (pl. VI), connu pour sa belle couleur bleue, a une composition voisine, il vient de la Perse. On a vendu sous le nom de lapis des Pyrénées une substance bleue, décrite plus tard sous le nom d'*aérinite* et qui est le produit de l'altération d'une roche pyroxénique.

Il nous reste à parler de deux autres silicates d'alumine et de protoxyde : la *cordiérite* et le *béryl*.

Cordiérite.

La *cordiérite* cristallise dans le système du prisme orthorhombique. Ses cristaux sont rares; elle forme d'ordinaire de petites masses bleues, grisâtres ou noires, dans les gneiss de nombreuses localités françaises.

Les macles transparentes possèdent un très beau pléochroïsme.

Dureté 7 à 7,5. Densité 2,5 à 2,6.

Poussière blanche, éclat vitreux, quelquefois un peu gros suivant la base et un autre assez facile suivant une direction perpendiculaire. Difficilement fusible et attaquable par les acides. C'est un silicate d'alumine d'oxyde ferrique et de magnésie.

Les variétés transparentes, *saphir d'eau*, sont employées en bijouterie.

La cordiérite est fréquemment accompagnée de sillimanite; elle est très facilement décomposée et présente un très grand nombre d'altérations auxquelles on a donné des noms spéciaux : *chlorophyllite*, *praséolite*, *gigantolite*, *espaniolite*, auxquelles nous ne nous arrêterons pas; disons toutefois que ces altérations se manifestent par la production d'une substance micacée hydratée, disposée en strates parallèlement au clivage basique.

La pinite que l'on trouve en beaux cristaux prismatiques (pl. III) dans les microgranulites de beaucoup de localités (Manzat, Puy-de-Dôme, etc.) est également une pseudomorphose de cordiérite.

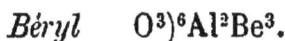

$$Béryl \quad O^3)^6 Al^2 Be^3.$$

Le *béryl* est un silicate d'alumine et de glucine hexagonal (fig. 118).

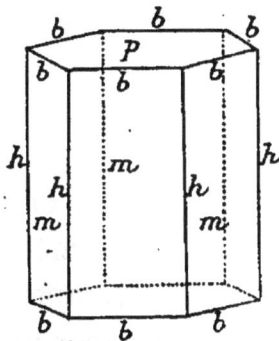

Fig. 118.

Dureté 7,5 à 8. Densité 2,6 à 2,7.

Insoluble dans les acides, difficilement fusible en un émail coloré; les variétés colorées deviennent blanches, vert émeraude, bleues, jaunes, incolores. Transparente ou translucide. La variété verte a reçu le nom d'*émeraude* : c'est une pierre très recherchée dans la joaillerie et d'un grand prix. On la trouve dans un calcaire bitumineux à Muso (Nouvelle-Grenade).

L'*aigue-marine* est vert d'eau ; on appelle plus spécialement béryl la variété bleu pâle.

Le béryl se rencontre dans les gneiss, les granites, les granulites (pegmatites), micaschistes, etc.

Chanteloube près Limoges, La Villeder (Morbihan), Montjeu, Broye, etc., aux environs d'Autun (Saône-et-Loire), Chamounix, etc.

Aux environs de Limoges se trouvent des cristaux et masses bacillaires de béryl blanc jaunâtre, translucide, ayant parfois des dimensions considérables et utilisé dans les laboratoires pour la fabrication des sels de glucine.

GROUPE DES ZÉOLITHES

Sous le nom générique de zéolite, on désigne un certain nombre de silicates hydratés d'alumine et d'une base alcaline ou alcalino-terreuse.

Les zéolithes se gonflent et bouillonnent à la flamme du chalumeau. Leur couleur est blanche (quelquefois rouge ou jaune par introduction mécanique de matières étrangères). Leur dureté est comprise entre celle de la fluorine et de l'orthose (5 à 6) ; leur densité oscille entre 2 et 2,6.

Dans le tube, elles donnent de l'eau et sont toutes plus ou moins solubles dans l'acide chlorhydrique en donnant un dépôt de silice.

Les zéolithes sont des minéraux formés par décomposition des feldspaths, on peut donc les rencontrer dans toutes les roches. Cependant leurs gisements favoris sont les vacuoles des roches volcaniques anciennes ou récentes (mélaphyres, basaltes, etc.).

Nous donnerons ici le tableau des principales espèces et nous n'insisterons que sur celles que l'on rencontre en France :

ZÉOLITHES FIBREUSES OU LAMELLAIRES

système cristallin

Prehnite................	orthorhombique	chaux.
Pectolite..............	monoclinique	chaux et soude (pas d'alumine).
Thomsonite (mésole)....	orthorhombique	chaux et soude.
Mésotype	»	soude.
Scolézite...............	monoclinique	chaux.
Laumonite............	»	»
Stilbite...............	»	»
Heulandite............	»	»
Epistilbite...........	»	»
Christianite..........	»	potasse.
Harmotome	»	baryte.

ZÉOLITHES NE SE PRÉSENTANT PAS EN FIBRES OU EN RHOMBES

Apophyllite...........	quadratique	chaux (pas d'alumine).
Chabasie..............	rhomboédrique	soude.
Analcime..............	cubique	»

Prehnite.

La *prehnite* se trouve dans les fentes des roches métamorphiques du Dauphiné en cristaux groupés (pl. XVI) d'un vert clair, dans les Pyrénées (variété coupholite).

La *thomsonite* (variété *mésole*) tapisse, de ses petits mamelons fibreux d'un blanc de lait, les vacuoles des roches basaltiques d'un grand nombre de localités d'Auvergne (Puy-de-Marmande, etc.).

La *mésotype* (pl. VIII) est une zéolithe des plus abondantes en Auvergne où elle se présente : 1° en fort beaux cristaux très allongés, constitués par un prisme à quatre faces terminé par un octaèdre; 2° en groupes bacillaires formés par de longs cristaux accolés.

La mésotype est souvent hyaline, parfois cependant opaque et d'un beau blanc de lait; elle se distingue de l'*aragonite*, qui l'accompagne souvent, par la facilité avec laquelle elle se dissout sans effervescence dans l'acide chlorhydrique en faisant gelée.

Puy-de-Marmande.

La *scolésite* ressemble beaucoup à la *mésotype;* ses cristaux présentent rarement des pointements.

La *mésolithe* a une composition intermédiaire entre celle de la mésotype et celle de la scolésite.

La *laumonite* a été découverte pour la première fois dans les mines du Huelgoat (Finistère). Elle forme des masses cristallines blanches ou d'un blanc rosé qui s'effleurissent à l'air.

La *stilbite* et la *heulandite* (pl. X) possèdent un clivage très facile, micacé; les lamelles de clivage sont d'un beau blanc nacré; elles sont unies et très planes dans la heulandite, irrégulières, gondolées et plissées dans la stilbite. La stilbite est fréquemment groupée en faisceaux (pl. X).

Pyrénées, environs de Bagnères-de-Luchon.

La *phillipsite* (pl. XVIII) est une zéolithe potassique; on la rencontre soit en petits cristaux (prismes quadrangulaires terminés par une pyramide placée sur les angles, groupements en croix, soit en petits mamelons cristallins translucides ou transparents.

Auvergne.

L'*harmotome* (pl. IV) possède les mêmes formes, cette

zéolithe barytique n'a pas été rencontrée en France; pas plus que la *brewstérite*, une autre zéolithe de baryte et de strontiane.

L'*apophyllite* cristallise en prismes droits à base carrée, elle possède un clivage très facile suivant la base. Elle est incolore ou blanche avec un éclat nacré sur le clivage facile.

Auvergne.

La *chabasie* est une des zéolithes les plus fréquentes en Auvergne, elle est incolore, souvent hyaline ou blanche, et se présente en rhomboèdres, tantôt simples (pl. II), tantôt maclés.

L'*analcime* est pseudo-cubique et offre des formes semblables à celles de la leucite (pl. II).

Enfin, il existe d'autres zéolithes : *épistilbite, lévyne, faujasite, gmélinite, gismondine*, que nous ne citerons que pour mémoire.

GROUPE DES MICAS

Les micas sont très faciles à distinguer à première vue par leur clivage, qui permet de les séparer en lames excessivement minces, transparentes, brillantes et parfaitement flexibles. Ce dernier caractère les distingue du talc. Souvent le mica se présente en masses lamellaires ou en cristaux, qui sont hexagonaux.

Le clivage se fait parallèlement à la base de l'hexagone. Quand on frappe une lame de mica avec une pointe, on provoque la formation autour du point frappé de six rayons correspondant à la symétrie du cristal. Dans certains micas ces rayons coïncident avec les dia-

gonales de l'hexagone, dans d'autres aux apothèmes.
En pressant la lame au lieu de la frapper, on a un autre

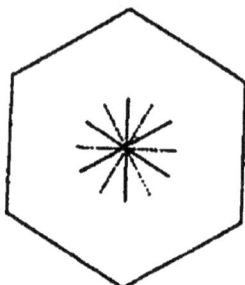

Fig. 119.

système de fentes faisant un angle de 60° avec le précédent.

Les micas présentent une composition très variable, mais ils correspondent à un silicate d'alumine et d'une autre base qui peut être de la soude, de la potasse, de la lithine, de la magnésie, du fer.

Le tableau suivant, extrait tiré de la *Minéralogie de la France*, de M. A. Lacroix, donne leur composition.

Micas magnésiens	a) peu ou pas ferrifères............		Phlogopite
	riches en fer	potassiques.........	Biotite
		potassiques et lithiques	Zinnwaldite
Micas pas ou peu magnésiens		lithiques............	Lépidolithe
		potassiques.........	Muscovite
		sodiques	Paragonite

Les micas sont incolores quand ils sont riches en potasse ou en soude; cependant ils peuvent être jaunâtres, rosés ou vert émeraude.

Les micas sont plus ou moins colorés en noir quand ils contiennent du fer.

Tous les micas donnent de l'eau dans le tube fermé et quelquefois du fluor.

La *biotite* est un mica ferrifère dont la densité est de 2,76 à 3 et la dureté de 2 à 2,5. Elle est presque incolore ou grise, vert pâle, violette, jaune, vert olive et très souvent brune. Elle est transparente. Fusible sur les bords au chalumeau en donnant un verre gris ou jaunâtre magnétique. Attaquable par l'acide sulfurique.

La biotite est un des micas les plus communs. C'est

un minéral essentiel du granite, des gneiss, des micaschistes. Il est fréquent dans toutes les roches volcaniques.

Les principales variétés de biotite sont la *rubellane* et
la *bastonite*. Cette dernière, qui a été rencontrée à Basto-
gne (Belgique), a une couleur brun vert.

La *phlogopite* se présente en prismes hexagonaux qui
se clivent très facilement parallèlement à la base. Elle
possède les mêmes propriétés que la biotite, mais les
gisements sont différents. La phlogopite est spécialement caractéristique des serpentines et des calcaires
cristallins. Elle renferme souvent des cristaux de rectite,
comme l'a démontré M. Lacroix.

La *zinnwaldite* a une dureté et une densité plus
grandes que la biotite.

La *lépidolite* forme souvent des agrégats de prismes
courts, en masses granulaires, écailleuses. L'éclat est
perlé, et la couleur est le rose ou le violet lilas, le blanc.
Translucide.

La lépidolite donne toujours les réactions du fluor.
Fond facilement sur les bords en se boursouflant. Colore la flamme en rouge pourpre. Incomplètement attaquable par les acides. Après avoir été fondue, elle donne
avec les acides de la silice gélatineuse.

La lépidolite se trouve dans les granites et les gneiss
et principalement dans les filons granitiques. En France,
on la trouve à Chanteloube.

La *muscovite* est le plus commun des micas : elle se
présente souvent en grandes lames incolores qu'on
utilise pour remplacer les vitres sur les bateaux, à cause
de leur transparence et de leur élasticité ; la couleur
peut être violette, jaune, brune, vert olive, etc.

La muscovite se rencontre dans les granites, les gneiss, les micaschites, les granulites, les pegmatites, etc., mais rarement dans les roches volcaniques. Elle provient souvent de l'altération d'autres minéraux silicatés.

La muscovite fond assez difficilement sur les bords, elle est indécomposable par les acides.

Les variétés de muscovite sont très nombreuses. Elles proviennent le plus souvent de l'altération d'autres minéraux. La *damourite*, dédiée au savant minéralogiste français Damour, est en écailles peu élastiques. Elle provient de l'altération du disthène, etc. On la trouve à Pontivy.

La *margarodite* possède un éclat lustré.

La *séricite* est en petites écailles, formant des agrégats fibreux, et provient de l'altération du feldspath.

La *fuchsite* est une muscovite de couleur verte dans laquelle de l'alumine est remplacée par du sesquioxyde de chrome.

La *paragonite* est en fines écailles ou compacte. L'éclat est perlé. Les écailles sont transparentes. Au chalumeau elle se reconnaît par l'exfoliation qui se produit quand on la chauffe. Elle se trouve dans des schistes cristallins.

GROUPE DES CLINTONITES

Les minéraux de ce groupe ressemblent beaucoup au mica par le clivage et la forme cristalline; mais ils en diffèrent par leur peu d'éclat au point de vue physique et par leur basicité au point de vue chimique. Ce sont

encore des silicates hydratés d'alumine et d'une autre
base qui peut être de la chaux, de la magnésie, du
fer et du manganèse.

A ce groupe appartient la *brandisite*, qui a une dureté
et une densité plus grandes que celles des chlorites et
des micas. Elle est verdâtre et a un éclat vitreux.
Au chalumeau, elle blanchit; attaquable par les
acides.

Vallée de Chamounix.

GROUPE DES CHLORITES

Les chlorites doivent leur nom à leur couleur qui
est généralement verdâtre. Elles se clivent comme le
mica, mais les lames flexibles sont dépourvues d'élasticité. Les minéraux de ce groupe peuvent se présenter en cristaux ou en masses lamellaires : ce sont
les *orthochlorites* de Tschermak; ou bien en masses
lamellaires : ce sont les *leptochlorites* du même au-
teur.

Au point de vue chimique, les chlorites sont des silicates hydratés d'alumine et d'un protoxyde qui est le
fer et la magnésie. C'est le fer qui donne la couleur
verte.

Le *clinochlore* se montre en cristaux verts hexagonaux
(pl. III) ou triangulaires ayant souvent les angles arrondis. La densité est 2,65 à 2,75 et la dureté de 2 à 2,5.
Transparent.

Le clinochlore, qui est un silicate d'alumine et de
magnésie, blanchit quand on le chauffe au chalumeau. Il
fond difficilement en un verre gris noir.

Ce minéral se trouve surtout dans les schistes cristallins. Il est un produit de décomposition.

La *pennine* diffère du clinochlore en ce qu'une partie de la magnésie est remplacée par du fer. Elle est verte, quelquefois rouge ou jaune. Elle est plus abondante que le clinochlore et provient surtout de la décomposition de la biotite.

La *ripidolite*, qui se présente en petites paillettes et en prismes vermiculés, présente les mêmes caractères que les deux minéraux précédents, mais renferme un peu plus de fer. C'est encore un produit de décomposition.

La delessite, la clémentite et la chamosite (leptochlorites) se présentent en masses lamelleuses plus riches en fer que les orthochlorites.

Sphène (SiTi) O⁵Ca.

Le sphène est un silico-titanate de chaux. Il est monoclinique et souvent les cristaux sont maclés. La couleur est jaune verdâtre, brune, rougeâtre. Les cristaux sont souvent un peu transparents et possèdent un éclat adamantin et vitreux. Cassure conchoïdale. Poussière blanche.

La densité est 3,6 et la dureté de 5 à 5,5.

Le sphène fond facilement au chalumeau en donnant un verre noir. Attaqué par l'acide chlorhydrique concentré. Si on ajoute à la solution de l'étain métallique, il se produit une coloration violette caractéristique du titane.

On trouve le sphène dans les Alpes.

DIXIÈME CLASSE

MINÉRAUX ORGANIQUES

Les minéraux appartenant à cette classe sont :

1° des sels (oxalates et mellates).

2° des hydrocarbures,

3° des hydrocarbures oxygénés.

4° les charbons de terre,

1° Oxalates. — Mellates.

Les minéraux de ce groupe sont peu nombreux.

La *whewellite*, qui est un oxalate hydraté d'alumine (CaC^2O^4, H^2O), se trouve dans les couches de houille de Burgk près de Dresde, et de Zwickau en Saxe.

L'*oxammite*, oxalate d'ammoniaque $(C^2O^4(AzH^4),2H^2O)$ n'a été trouvée que dans le guano des îles Guanape, Pérou.

L'*humboldtine*, oxalate de fer $(2C^2O^4Fe,3H^2O)$, est aussi un minéral étranger à la France, se trouvant sur de la houille à Rolasouck, près de Berlin, Bohême, etc.

M. A. Lacroix a décrit un oxalate de soude et d'ammoniaque ayant la forme de lames micacées. Il se trouve dans un guano du Pérou.

La *mellite*, mellate hydraté d'alumine $(C^{12}O^{12}Al^2,18H^2O)$, se trouve dans la houille à Arten (Thuringe), etc.

2° Hydrocarbures.

La *scheerite*, la *hatchettite* ont une composition semblable à celle de la paraffine. La formule C^nH^{2n+2} représente cette composition. On les désigne à cause de leur consistance molle et de leur couleur sous le nom de suif de *montagne*.

L'*ozocérite* ressemble à la cire par sa consistance et sa translucidité, et souvent elle est employée à la place de cette dernière. Ce qui est curieux, c'est qu'il existe une substance semblable à l'ozocérite dans les météorites (Wœhler et St-Meunier). L'ozocérite appartient à la série de la paraffine, mais représente un des termes les plus élevés de la série. Elle se trouve en Moldavie, où elle est associée à des dépôts bitumineux, à Gaming en Autriche, etc., etc.

On connaît encore un grand nombre d'autres substances analogues, la *fichtelite*, la *hartite*, la *konlite*, etc., mais pas plus que les précédentes aucune d'elles ne se trouve en France.

Le *pétrole* est suffisamment connu pour qu'on puisse passer rapidement sur sa description. Je rappellerai que les pétroles sont formés par des mélanges de plusieurs hydrocarbures ayant la formule C^nH^{2n2}, C^nH^{2n+6} et quelquefois C^nH^{2n+8}. Malgré les mélanges très variés de ces diverses substances, on distingue cependant l'*huile de naphte* et l'*huile de pétrole*.

L'*huile de naphte* est incolore ou légèrement jaunâtre, a une densité de 0,75 et bout à 85°. Elle se mélange avec l'alcool absolu. Elle s'enflamme très facilement.

On la trouve dans un grand nombre de localités. En France, il en existe à Salle dans les Pyrénées.

L'*huile de pétrole* est plus colorée que l'huile de naphte, elle est plus dense (0,85) et est moins facilement inflammable. Elle contient souvent beaucoup de bitume en dissolution.

On la trouve à Gabian (Languedoc) où elle est en relation avec le terrain houiller, au Puy de la Poix en Auvergne, où elle est mélangée à une grande quantité de bitume.

L'*asphalte*, appelé encore *bitume de Judée*, est formé par un mélange des carbures d'hydrogène purs et de carbures oxygénés. Il est noir ou brun. Il possède une odeur bitumeuse. Sa densité est de 1 à 1,8 et il fond entre 90° et 100°.

L'asphalte se trouve à Seyssel, où il est disséminé dans un grès appartenant au terrain tertiaire, à Bastennes et à Dax (Landes), à Monestier (Cantal). Il est souvent accompagné de bitume liquide.

L'*élatérile* ou caoutchouc fossile, ou bitume élastique, est une substance massive, molle, de couleur brune. On ne la trouve pas en France.

Les schistes renfermant du bitume se trouvent à Igornay près d'Autun, où on les a exploités pour obtenir des huiles, Menat (Puy-de-Dôme).

3° Hydrocarbure oxygéné.

A ces substances correspondent les *résines fossiles* ou *succin* ou *ambre*.

SUCCIN

Le succin (pl. V) est en masses irrégulières, à cassure conchoïdale et possédant des couleurs très variables, mais c'est la couleur jaune qui se présente le plus fréquemment. L'éclat est résineux. La poussière est blanche. Il est transparent ou translucide. Par frottement, il s'électrise négativement.

La densité est de 1,05 à 1,096 et sa dureté est faible de 2 à 2.5.

Fréquemment on trouve dans le succin des insectes qui sont remarquables par leur conservation.

Chauffé à l'air, le succin fond entre 250° et 300° et bout presque aussitôt après la fusion, en donnant des vapeurs blanches qui possèdent une odeur aromatique et qui exercent une action intense sur les voies respiratoires. Par distillation, il donne de l'acide succinique.

L'ambre se trouve dans la partie inférieure des terrains crétacés et dans l'argile plastique où il est associé aux lignites. Il se trouve par conséquent dans un grand nombre de localités : Auteuil près de Paris, Saint-Paul et aux environs du Pont-Saint-Esprit (Gard), Saint-Lon près de Dax, dans le Soissonnais. Le succin est employé pour la fabrication des articles de fumeur. L'ambre étant formé par un mélange de plusieurs substances, il présente des propriétés un peu différentes suivant la quantité des diverses substances entrant dans le mélange, aussi a-t-on donné à des variétés de cette substance un grand nombre de noms.

Charbons fossiles.

Ce nom comprend les combustibles fossiles, se trouvant en grand dans la nature, et laissant dans la distillation une proportion de coke considérable.

La *houille* possède une belle couleur noire connue

sous le nom de noir de velours. Elle est très fragile et sa cassure est fréquemment schisteuse. Sa densité est très variable, elle est toujours comprise entre 1 et 1,5.

La houille donne par distillation des gaz combustibles, employés pour l'éclairage, et un grand nombre d'autres produits (huiles bitumeuses, etc.).

Fréquemment la houille présente à sa surface des irisations fort belles.

La houille est exploitée sur un grand nombre de points de la France.

La houille provient de la modification des plantes gigantesques qui ont été accumulées sur certains points. Quand la transformation est incomplète, on a les *lignites*. Ceux-ci ont des caractères très variables. Tantôt ils sont compacts et d'un beau noir, tantôt ils ressemblent à la houille, et tantôt ils ont conservé la couleur du bois.

Le *jayet* est du lignite noir et compact. Il est employé, après avoir été taillé, pour la confection des parures.

La *tourbe* provient des plantes herbacées et aquatiques croissant dans les vallées marécageuses.

Tandis que les lignites et la tourbe sont de formation récentes, surtout la dernière qui se produit encore de nos jours, l'*anthracite* est du charbon antérieur à la houille proprement dite.

NOTIONS SUR LES ROCHES

J'ai indiqué à la fin de la description de chaque minéral les roches dans lesquelles on le rencontre. Aussi est-il utile de donner une notion sur ces dernières.

Parmi celles qui constituent le sol, il en est qui ont fait éruption aux diverses époques géologiques. On constate même de nos jours encore des épanchements semblables (laves). Ce sont les *roches éruptives*.

Les roches éruptives renferment des éléments essentiels, caractéristiques, et des minéraux accessoires. La classification est par conséquent basée sur la composition et sur un autre facteur : *la structure*. La structure dépend surtout de la vitesse de refroidissement du magma en passant de l'état liquide à l'état solide. Quand la roche n'est pas arrivée au jour, que par conséquent elle s'est refroidie lentement, tous les minéraux constituant le magma se sont déposés en grands cristaux. La roche est alors composée de gros éléments visibles à l'œil nu ; c'est la structure que présentent les granites, les syénites, les diorites, les diabases, etc., on l'appelle structure granitoïde ou grenue. Quand, au contraire, la roche s'est refroidie rapidement, comme cela arrive pour les laves qui s'épanchent des volcans, les cristaux sont très petits, ne sont visibles qu'au microscope et, à l'œil nu, on ne distingue qu'une pâte homogène. Cependant, fréquemment au milieu de cette pâte, on voit de gros cristaux de feldspath, ou de pyroxène, etc. Dans ce cas ces cristaux se sont formés à l'intérieur de la terre, avant l'épanchement. On a donc deux temps de consolidation très distincts : le premier ayant donné naissance aux grands cristaux et le second à de petits cristaux (microlithes) et même à de la matière vitreuse. Ces deux temps de consolidation existent aussi dans les granites, mais ils ne sont pas bien distincts. Ces cristaux de première consolidation sont souvent brisés, striés et se distinguent ainsi de ceux du second temps qui sont intacts.

D'après MM. Fouqué, Michel-Lévy et Lacroix, nous diviserons les roches en quartzifères et non quartzifères.

Roches quartzifères.

Les roches quartzifères à structure granitoïde, sont :

Le *granite*, contenant comme minéraux essentiels, du feldspath (orthose, microcline, albite, oligoclase), du mica noir et du quartz qui moule les autres éléments ; l'amphibole hornblende, le sphène, l'apatite, la magnétite sont accessoires.

La *granulite* se compose de mica noir et surtout de mica blanc, de feldspath et de quartz bipyramidé qui la distingue du granite. Les minéraux accidentels diffèrent un peu : ce sont l'émeraude, la tourmaline, le zircon, la topaze, le sphène, l'amphibole, le grenat, l'apatite, la magnétite.

La *pegmatite* a la même composition que la granulite, mais le quartz et le feldspath orthose ou oligoclase cristallisent ensemble, le quartz s'oriente.

Ces roches, lorsqu'elles présentent, à l'œil nu une pâte homogène avec ou sans gros cristaux d'orthose ou de quartz, sont appelées *porphyres*, et s'il s'agit de roches antétertiaires, *rhyolithes*. Ces dernières, qui ont l'aspect des trachytes, sont tertiaires.

Les *porphyres* ont une pâte qui, examinée au microscope, paraît formée d'un agrégat cristallin semblable à celui des granites, des granulites ou des pegmatites, d'où le nom de *microgranites, microgranulites* et de *micropegmatiles* qu'on leur donne. Les microgranulites et les micropegmatites correspondent aux porphyres quartzifères des anciens auteurs.

La cristallisation de la pâte du porphyre peut être incomplète, on a alors les *porphyres pétrosiliceux*. S'il n'y a pas de gros cristaux et que la matière soit totalement vitreuse, on a l'*obsidienne* ou *verre des volcans*.

Roches non quartzifères.

a) Feldspathiques.

La *minette* est formée de mica et d'orthose et possède la structure granitoïde.

La *syénite* se compose d'amphibole et d'orthose, mais elle peut renfermer de la néphéline (syénite néphélinique), du mica (syénite micacée). La structure est granitoïde.

Le *trachyte* a la même composition que la syénite, mais il a une structure microlithique.

La *phonolite* est un trachyte à néphéline.

La *leucitophyre* est un trachyte à néphéline et à leucite.

Toutes ces roches contiennent de l'orthose, les sui
vantes renferment un feldspath calco-sodique.

La *kersantite* est formée par du mica et par un feldspath calco-sodique. Elle diffère donc de la minette par
la nature du feldspath.

La *diorite* est formée d'un feldspath calco-sodique et
d'amphibole.

La *diabase* est formée d'un feldspath calco-sodique et
d'augite.

Le *gabbro* est formé d'un feldspath calcosodique et
de diallage.

La *norite* est formée de feldspath calco-sodique et
d'hypersthène.

L'*ophite* est une variété de gabbro.

La kersantite, la diorite, la diabase, le gabbro et la
norite ont une structure granitoïde, les roches suivantes, qui ont à peu près la même composition, ont
une structure microlithique et présentent deux temps
de consolidation distincts.

L'*andésite* est formé d'amphibole, de mica, de
pyroxène et d'andésine.

La *labradorite* diffère de l'andésite par le feldspath,
qui est ici du labrador.

L'*andésite* et la *labradorite à olivine* constituent les
basaltes feldspathiques.

La *téphrite* renferme, en outre des andésites et des labradorites, de la néphéline.

La *leucotéphrite*, de la leucite.

Le nom de *mélaphyre* était appliqué aux basaltes
antétertiaires.

b) Roches sans felspath mais avec feldspathoïde.

L'*ijolite*, composée de *néphéline* et d'*augite* est la seule roche connue de cette composition à structure granitoïde.

Les suivantes ont la structure microlithique :

La *néphélinite* est formée de néphéline, de mica et d'amphibole ou de pyroxène.

La *leucitite* est formée de leucite et de mica, d'amphibole ou de pyroxène.

La *mélilitite* est formée de mélilite et de mica, d'amphibole ou de pyroxène.

Quand les trois roches contiennent du péridot, en grands cristaux, on les appelle néphélinite à olivine, etc. Ce sont les basaltes sans feldspath.

Roches sans élément blanc.

La *pyroxénite* et la *péridotite* ont la structure granitoïde et sont principalement formées de pyroxène et de péridot.

La *limburgite* possède la structure microlithique et est formée d'augite et de péridot.

La *tachylithe* est la forme vitreuse de toutes ces roches basiques.

Roches cristallophylliennes ou schistes cristallins.

Le substratum de l'écorce terrestre est formé par des roches très riches en minéraux et qui sont les suivantes.

Dans toutes, les éléments sont orientés et sont disposés en couches. On distingue :

Les *gneiss* formés de feldspath, de quartz et d'un élément ferro-magnésien, le mica ou l'amphibole.

Les gneiss sont riches en minéraux, cordiérite, sillimanite, staurotide, andalousite, apatite, épidote, grenat, zircon, rutile, magnétite, chlorite, etc.

La *leptynite* est un gneiss à petits éléments.

Les *micaschistes* sont formés de quartz et de mica.

Le feldspath y existe accidentellement. Les micaschistes sont très riches en minéraux, grenat, tourmaline, andalousite, disthène, cordiérite, scapolites,
graphite, épidote, chlorite, émeraude.

Les *amphibolithes* sont formées de hornblende et de
feldspath.

Elles sont riches en minéraux accidentels.

L'*éclogite* est une roche schisteuse grenatifère contenant du feldspath et accidentellement de l'hornblende,
du disthène, etc.

PRINCIPAUX MINÉRAUX DES MÉTAUX USUELS

ANTIMOINE. — Antimoine natif, kermès, sénarmontite,
stibine, cervantite, stibiconise.

ARGENT. — Argent natif, argyrose, argyrithrose, bro-
margyrite, cérargyrite, dyscrase, iodargyrite, polyba-
site, proustite, psaturose.

BISMUTH. — Bismuth natif, bismuthine, bismuthite,
eulytine.

CHROME. — Chromite.

COBALT. — Asbolane, cobaltine, érythrine, glaucodot,
smaltine.

CUIVRE. — Atacamite, azurite, berzélianite, boléite
brochantite, chalcopyrite, chalcosine, chrysocolle, co-
velline, cuprite, cyanose, dioptase, énargite, érinite,

érubescite, libéthénite, lunnite, malachite, mélaconise, nantokite, olivénite.

ÉTAIN. — Cassitérite, stannine.

FER. — Arséniosidérite, charnoisite, copiapite, gœthite, ilménite, ilvaïte, limonite, magnétite, marcasite, martite, mélantérie, mispickel, pharmacosidérite, pyryte, pyrrhotine, scorodite, sidérose.

MANGANÈSE. — Acerdèse, alabandine, braunite, diallogite, hauérite, hausmannite, polyanite, psilomélane, pyrolùsite, rhodonite, wad.

MERCURE. — Calomel, cinabre.

NICKEL. — Annabergite, bunsénite, cloanthite, disomose, millérite.

OR. — Auramalgame, calavérite, électrum, kunnérite, nagyagite, porpézite, rhodite, sylvanite.

PLOMB. — Anglésite, boulangérite, bournonite, cérusite, clausthalie, cotunnite, crocoïse, descloizite, galène, lanarkite, leadhillite, linarite, massicot, minium, mimétèse, phosgénite, plattnerite, pyromorphite, sartorite, vanadinite, wulfénite, zinckénite.

ZINC. — Adamine, blende, calamine, goslarite, smithsonite, willémite, wurtzite, zincite.

NOMS

ALAIS. Limonite, calamine.

ALBAN-LA-FRAISSE. Lunnite, wawellite.

ALENÇON. Voir *Pont-Percé.*

ALLAUCH. Bauxite.

ALLEMONT. Allemontite, Annabergite, Antimoine natif, Argent natif, Cloanthite, Dyscrase, Erythrine, Kermès, Leucopyrite, Nickeline, Proustite, Smaltine, Valentinite.

ALLERET. Tridymite.

ALLEVARD. Voir *Saint-Pierre d'Allevard.*

AMBAZAC. Pyrophysalite (variété de topaze).

ANGLAR (Mine d'). Vivianite.

ANVERS. Pyrolusite.

ANZAT-LE-LUGNAT. Sénarmontite.

AR (Mine d'), Arite, Breithauptite, Ullmannite.

ARBIZAN (Pic d'). Grenat grossulaire, Idocrase.

ARRAUNTS. Vivianite.

ARUDY. Magnétite.

ARVIEU. Hypersthène.

AULUS. Andalousite.

AUTEUIL. Apatélite, Gypse, Succin.

AUTUN. Autunite, Béryl, Sidéroplésite.

BARBIN. Apatite, Bertrandite.

BARÈGES. Nickeline, Grenat pyrénéite.

BASTENNES. Aragonite.

BASTIDE DE LA CASCADE. Chromite.

BAUX. Bauxite.

BAYGORY. Chalcopyrite, Sidérose.

BEAUVAIS. Argiles (bol). Allophane.

BOUICHE (près de Commentry). Vivianite.

BOURBON-L'ARCHAMBAULT. Barytine.

BOURBONNE-LES-BAINS. Anglésite, Phosgénite, Atacamite.

BOURG-D'OISANS. Axinite, Epidote, Quartz, Brookite, Ilménite.

BRASSAC. Sidérose.

BRIANÇON. Talc.

CAILLE (La). Fer natif dans une météorite.

CAMPAN. Marbre.

CANAVÉILLES. Allophane.

CAP-GARONNE. Adamine, Chalcopyrite, Cyanotrichite, Lunnite, Olivénite, Pharmacosidérite.

CESSE (Grotte de la). Minervite.

CHALLANCHES (Mine de). Voir *Allemont.*

CHAMALIÈRES. Alunogène.

CHAMOUNIX. Béryl, Brandisite.

CHANTELOUBE. Leucopyrite, Alluaudite, Tantalite, Wolfram, Béryl.

CHARNOT. Magnétite.

CHATEL-GUYON. Aragonite.

CHAZELLES. Berthiérite, Cervantite, Stibiconite.

CHENELETTE. Fluorine.

CHESSY. Buratite, Chessylite, Malachite, Molybdénite, Smithsonite, Chrysocole, Allophane.

CIEUX. Molybdine, Scorodite.

CLAMART. Lutécite.

COLLOBRIÈRES. Grunerite.

COMMENTRY. Rhabdite.

CONDÉ-SUR-VÈGRE. Terre à foulon.

CONDORCET. Barytine, Blende, Galène.

CONFOLENS. Confolensite.

CORNILLON. Dolomie.

COUPET (Le). Corindon.
CRANSAC. Vivianite.
CREUZOT (Le). Chromocre.

DAX. Pétrole.
DENCE. Crocidolite.
DEVILLE. Pyrite.
DIE. Cérusite.
DIEUZE. Sel gemme.
DORE (Mont). Alunite, Pseudobrookite, Oligiste, Soufre.

EAUX-BONNES. Ullmannite.
EPERNAY. Marcasite.
EREDLITZ (Pic d'). Grenat pyrénéite.
ESPADA (Pic d'). Grenat pyrénéite.
ESQUERY (Vallon d'). Collyrite.
EXPAILLY. Zircon, Magnétite.

FERRIÈRES. Pyrite.
FIRMI (Aveyron), Allophane.
FITOU. Pyrite.
FOUR-LA-BROUQUE. Macle de l'orthose, dite de Four-la-Brouque.
FRAMONT. Dolomie, Oligiste, Schéelite, Phénacie.
FRÉAUX (Cascade des). Anatase.

GABIAN. Pétrole.
GARDETTE (La). Or natif, Quartz maclé.
GÈDRES. Gédrite.
GENÈVRE (Mont). Diallage.
GERGOVIE. Aragonite.
GIVET. Marcasite.
GOUJOT. Limonite.
GROIX (Ile de). Glaucophane.

HUELGOAT. Argent natif, Galène, Pyromorphite, Plomb-Gomme, Halloysite Diopside, Laumonite.

HURÉAUX. Huréaulite.

IGORNAY. Bitume.

JUSSET. Smaltine.

LAFFREY (Isère). Blende.
LA MURE. Nesquehonite.
LANGEAC. Chalcopyrite.
LA NUISSIÈRE. Voir *Nuissières*,
LA PACAUDIÈRE. Chrysocole.
LARZAC (Plateau du). Mercure natif.
LA VERPILIÈRE (Isère). Gœthite.
LA VILATE. Hétérosite, Lithiophyllite, Triplite, Vivianite, Huréaulite, Lenzinite.
LA VILLEDER. Cassitérite, Apatite, Béryl.
LA VOULTE (Ardèche). Halloysite.
LE PUY (Haute-Loire). Zircon, Pyrrhotine.
LES MALINES. Smithsonite.
LES PUITS (Oisans). Anatase.
LE TRÉPORT. Marcasite.
LIMOGES (Environs de). Mercure natif, Cassitérite, Kaolin.
LOUDERVILLE (Hautes-Pyrénées). Pyrolusite.
LOUVIE. Marcasite.
LA CLAYETTE. Orthose.
LANTIGNÉ. Pyrénéite, Fluorine.
LHERZ (Etang du). Hypersthène, Spinelle.
LIBARENS. Couzéranite.
LUNÉVILLE. Boracite.
LUSSAT (Puy-de-Dôme). Lussatte.
LYS (Basses-Pyrénées). Soufre natif.

MACON. Argile (bol).
MALBASE. Stibine.
MARMANT (Puy de). Aragonite, Coupholite. Mésotype.
MASSIAC. Stibine.
MATOULA (Ceylan). Corindon vert.

MAULÉON. Couzéranite.

MAURES (Massif des). Disthène.

MÉJE (Glacier de la). Anatase, Brookite.

MENAT. Bitume.

MÉNILOT. Mercure natif, Cinabre.

MERCUS. Spinelle.

MEUDON. Gypse, Apatélite.

MEYMAC. Bismuthine, Meymacite.

MILLAC (Dordogne). Delanouite.

MINERVE (Grotte de). Brushite, Minervite.

MONESTIER. Asphalte.

MONFERRIER. Spinelle, Amphibole.

MONTAL. Réalgar.

MONTCAUT. Pyrope.

MONTCHANIN-LES-MINES. Epsomite.

MONTÉBRAS. Amblygonite, Chalcolithe, Morinite.

MONTMARTRE (Paris). Célestine, Epsomite, Gypse, Limonite.

MONTMORILLON. Montmorillonite.

MONTMORT. Nontronite.

MONTSALS. Carpholite.

MONZAT. Cordiérite.

NANTES. Andalousite.

NEUILLY, près de Paris. Fluorine.

NONTRON. Nontronite.

NUISSIÈRES. Mimétèse, Pyromorphite, Plomb-gomme,
Cérusite, Galène.

ORGUEIL (Météorite d'). Breunérite.

ORVEAULT. Autunite.

PAILLIÈRES. Cérusite, Copiapite, Pastréite.

PARIS. Soufre natif.

PASSY. Lutécite.

PETIT-PORT. Apatite.

PIERREFITTE. Blende, Greenockite.

PLOMBIÈRES. Aragonite, Zéolithes de formation récente.
POITIERS. Collyrite.
POIX (Puy de la). Pétrole.
PONTGIBAUD. Bournonite, Zinckénite, Galène, Cérusite,
Mimétèse.
PONTIVY. Andalousite.
PONT-PERCÉ. Albite, Orthose, Quartz enfumé, Béryl.
PONT-SAINT-ESPRIT. Succin.
PONT-VIEUX. Jamesonite.
POULDU-EN-CAUREC. Vivianite.
POULLAOUEN. Galène, Pyromorphite. Halloysite.
PRADES. Pyrolusite.

QUINCY. Quincyte.

RANCIÉ. Aragonite, Dolomie, Gœthite, Laumonite, Sidérose.
RÉALMONT. Cinabre.
REVIN. Limonite.
REVEST. Bauxite.
RIVEAU (GRAND-.) Pseudobrookite, Hypersthène.
RIVE-DE-GIER. Pholérite.
ROCHEFORT-EN-TERRE. Cacoxène.
ROGUÈDRE. Wollastonite.
ROMANÈCHE. Arséniosidérite, Barytine, Psilomélane,
Fluorine.
ROUMIGA. Fluorine.
ROZIER (Mines du). Cuivre natif, Voltzine.

SAINT-ARAY. Platine natif.
SAINT-BÉAT. Marbre.
SAINT-BOÉ. Soufre natif.
SAINT-BRIEUC. Andalousite.
SAINT-CHRISTOPHE. Voir *Oisans*.
SAINT-CLÉMENT. Anorthite, Wollastonite.
SAINT-ETIENNE. Salmiac.
SAINT-GIRONS. Wawellite, Hydroapatite.
SAINT-GOTHARD (Mont). Dufrénoisite.

SAINT-LARY (Vallée d'Aure). Schéelite.
SAINT-LÉONARD. Pharmacosidérite.
SAINT-MICHEL (Mont). Stannine, Apatite.
SAINT-NECTAIRE. Orpiment.
SAINT-PHILIBERT-DE-GRANDLIEU. Zoïsite.
SAINT-PHILIPPE. Humite, Diopside.
SAINT-PIERRE-D'ALLEVARD. Calcite, Dolomie, Blende,
Ankérite, Sidérose, Cuivre gris, Sidéroplésite, Pyrite,
Quartz.
SAINT-PRIX. Mimétèse.
SAINT-SYMPHORIEN-DE-MARMAGNE. Autunite.
SAINT-YRIEIX. Rutile, Autunite.
SAINT-SEVER. Séverite.
SALLE. Naphte.
SALLIGON (Vallée de Luz). Pyrrhotine.
SARRANCOLIN. Marbre.
SENTENAC. Couzéranite.
SEYSSEC. Asphalte.
SIMORRE. Odontolithe.
SOLUTRÉ. Brushite.
SOST. Marbre.

TENEZ. Chalcopyrite.
THIVIERS. Confolensite.

VAULRY. Molybdénite, Pharmacosidérite, Scorodite.
VENASQUE. Pyrénéite.
VERTAIZON. Aragonite.
VIC. Sel gemme, Glaubérite, Polyhalite.
VICDESSOS. Dolomie, Sidérose.
VILLEFORT. Galène.
VILLEFRANCHE (Aveyron). Dolomie, Cérusite.
VIZILLE. Pyrite, Dolomie, Blende.

XETTES. Limonite.

16

TABLE DES PLANCHES

TABLE DES MATIÈRES

CHAPITRE III

Propriétés chimiques.

DEUXIÈME PARTIE

Description des espèces minérales de la France.

CHAPITRE I

CHAPITRE II

Division en classes.

PREMIÈRE CLASSE

Corps simples.

DEUXIÈME CLASSE

Sulfures, Séléniures, Tellurures, Arséniures, Antimoniures.

DIXIÈME CLASSE

Composés organiques.

TABLE ALPHABÉTIQUE

DES ESPÈCES MINÉRALES

17

ERRATUM

P. 27, ligne 7 en descendant, au lieu de *90°*, lire *120°*.

P. 33, ligne 11 en descendant, au lieu de *optique et physique*, lire *optique physique*.

P. 35, ligne 9 en descendant, au lieu de *non cristallisées*, lire *cristallisées ou non*.

P. 43 (fig 58). Dans cette figure le bras du levier doit être divisé en 10 parties seulement.

P. 50, ligne 13 en descendant, au lieu de *7 à 10^{mm}*, lire *7 à 10 centimètres*.

P. 67, ligne 2 en descendant, au lieu de *(Ni Fe) (As Sb) S*, lire *(Ni, Fe) (As, Sb) S*.

P. 81, au lieu de *Bismuthile*, lire *Bismuthine*.

P. 82, ligne 11 en descendant, au lieu de *Vauby*, lire *Vaubry*.

P. 107, au lieu de *sénarmontite*, lire *senarmontite*.

P. 127, ligne 16 en descendant, au lieu de *bauxite*, lire *Beauxite*.

P. 113, fig. 7 en descendant, après *silex nectique*, ajouter : (Voir *quartz nectique*, p. 126).

PRINCIPAUX INSTRUMENTS

POUR LA

RECHERCHE et la DÉTERMINATION des MINÉRAUX

ET LEUR

CLASSEMENT EN COLLECTION

Aimants pour reconnaitre les substances ferrugineuses dans les minéraux, hauteur 7 cent. avec contact, 0 fr. 45; de 8 cent., 0 fr. 60; de 9 cent.. 1 »

Aimant à trois lames, de 8 cent., avec contact............... 2 75

Fig. 1.   Fig. 2

Balance, pied en fonte, fléau aciéré, deux plateaux en cuivre (fig. 1), sans les poids, 6 fr. 50. Avec une série de poids en cuivre pesant 500 grammes... 11 »

Barreau aimanté, forme carrée, dans un étui en palissandre, longueur 10 cent.. 3 »

Barreau aimanté, forme plate, chape en agate, sur pied en cuivre poli de 50 millim. 2 fr. 50; de 80 millim. 3 fr. 50; de 150 millim. 7 »

Boussole ordinaire, simple, en cuivre, cadran argenté, chape en agate, avec arrêt : de 35 millim. 2 fr. 50; de 40 millim. 3 fr.; de 45 millim. 3 fr. 50; de 50 millim....................................... 4 »

Boussole en forme de montre (fig. 2), boîte nickel; diamètre : de 35 millim. 6 fr.; de 40 millim. 8 fr.; de 45 millim. 9 fr.; de 50 millim.. 10 »

Boussole en cuivre, avec perpendicule et double cadran argenté et gravé; diamètre : de 60 millim. 16 fr.; de 75 millim......... 20 »

Briquets en acier, grand modèle.......................... 2 »

— — petit modèle........................... » 50

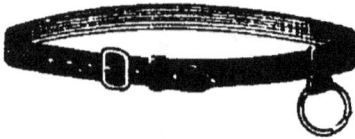

Ceintures en cuir fort (fig. 3), avec anneau en fer mobile pour suspendre les marteaux, les piochons, et allant pour tous les instruments indistinctement............. 2 50

Fig. 3.

Chalumeau en fer (fig. 4)........................ 0 45

Chalumeau en cuivre (fig. 5), système Berzélius, bout en cuivre................................... 4 50

Le même, avec bout platine........................ 6 50

Fig 4.

Fig. 6.

Fig. 5.

Chalumeau, système Berzélius, à gaz (fig. 6). Ce chalumeau contient un porte-caoutchouc avec robinet pour recevoir un tuyau à gaz. 9 »

Fig. 7.

Fig. 8.

Ciseau à froid pour minéralogistes.

Bout pointu (fig. 7), qualité ordinaire. 0 90 1re qualité. 1 25

— transversal (fig. 8), — 0 90 — 1 25

— bédane.............................. 1 25

Pour dégager les fossiles de la gangue, détacher des fragments (de roche, échantillonner des minéraux, il est indispensable d'emporter en excursion un petit ciseau en acier, avec lequel on a toujours plus de sûreté que par un coup de marteau, si habile qu'on soit à l'appliquer.

Fig. 9.

Fig. 10.

Fig. 11.

Ciseau burin pour minéralogistes, qualité supérieure.

Bout pointu (fig. 9)...	1 25
— en forme de bédane (fig. 10)...........................	1 25
— tranchant (fig. 11).......................................	1 25

Cuvettes en carton (fig. 12) pour le rangement des minéraux, roches, fossiles, coquilles, produits industriels.

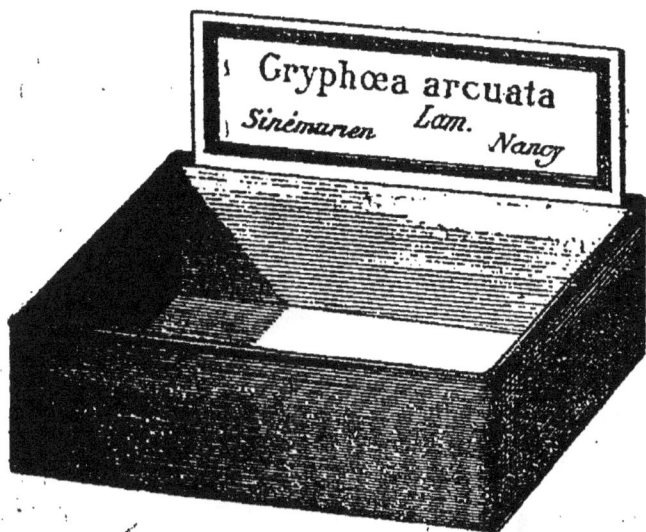

Gryphœa arcuata
Sinémurien Lam. Nancy

Fig. 12.

Cuvettes en carton très fort, fabrication très soignée :

Nos 1 — de 16 cent. sr 11 cent. la douz., 1 fr. 70 le cent, 13 fr. le mille, 120 fr.
» 2 — de 11 — 8 — — 1 fr. 30 — 10 fr. — 95 fr.
» 3 — de 8 — 5,5 — — 1 fr. » — 8 fr. — 76 fr.
» 4 — de 5,5 — 4 — — 0 fr. 60 — 6 fr. — 57 fr.

Cuvettes en carton, fabrication soignée :

Nos 1 bis de 16 cent. sr 11 cent. la douz., 1 fr. 60 le cent, 12 fr. le mille, 110 fr.
» 2 bis de 11 — 8 — — 1 fr. » — 8 fr. — 75 fr.
» 3 bis de 8 — 5,5 — — 0 fr. 80 — 6 fr. — 56 fr.
» 4 bis de 5,5 — 4 — — 0 fr. 60 — 4 fr. — 37 fr.

— 3 —

Cuvettes en carton, fabrication ordinaire, recouvertes de papier vert
(ces cuvettes ne comportent pas de coulisse pour placer l'étiquette) :

Nos							
Nos 9	— de 12 cent.	sur 8 cent.,	le cent,	5 fr. 50	le mille.	45 fr.
» 10	— de 10	— 7 —	—	4 fr. 50	—	38 fr.
» 11	— de 8	— 6 —	—	3 fr. 30	—	30 fr.
» 12	— de 7	— 5 —	—	2 fr. 80	—	23 fr.
» 13	— de 6	— 4 —	—	2 fr. 50	—	20 fr.
» 14	— de 5	— 3,5 —	—	2 fr. 20	—	18 fr.
» 15	— de 4	— 3 —	—	1 fr. 75	—	16 fr.

Cuvettes vitrées en carton (fig. 13) pour préserver contre la poussière les minéraux, les fossiles, les coquilles, etc. ; à l'intérieur de la boîte se trouve une coulisse pour fixer l'étiquette à talon.

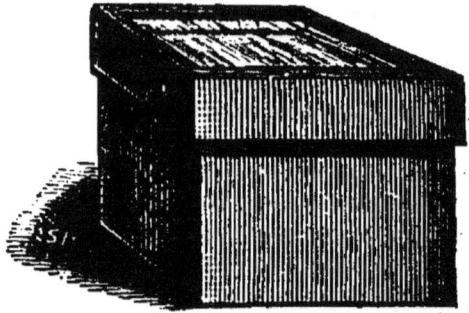

Fig. 13

Nos 5	de 16 cent.	sur 11 cent.	sur 6 cent.,	le cent,	45 fr.
» 6	de 11 —	— 8 —	— 6 —	—	35 fr.
» 7	de 8 —	— 5,5 —	— 5 —	—	25 fr.
» 8	de 5,5 —	— 4 —	— 4 —	—	20 fr.

Étiquettes avec talons imprimées sur carte bristol fort; elles se font en rouge et en noir.

N° 1	85 mill. × 27 mill.	le mille.. 12 fr.	le cent.. 1 fr. 50
» 2	70 — × 24 —	— .. 8 fr.	— .. 1 fr. »
» 3	50 — × 20 —	— .. 4 fr.	— .. 0 fr. 45

Fig. 15.

Fig. 14.

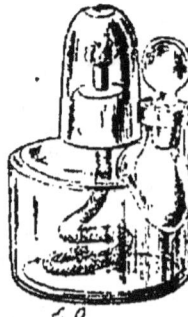

Fig. 16.

Fig. 17.

...con de touche (fig. 14) pour acide..................... 1 »

...con à réactifs avec pointe plongeante et à recouvrement.. 1 25

...Le même, avec étiquettes vitrifiées......................... 1 75

...ise à charbon (fig. 15) pour les essais au chalumeau...... 2 50

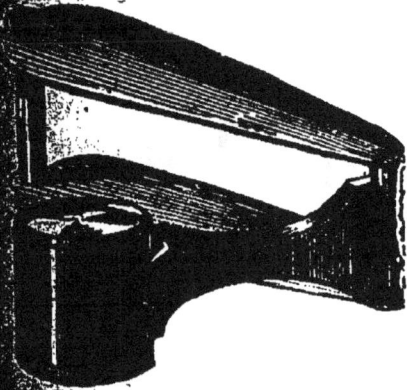

Lampe à alcool avec bobèche tubulée (fig. 16)..... .. 2 50

Lampe à alcool ordinaire (fig. 17)..................... 1 75

Loupe Steinheil (fig. 18) 15 » Cette loupe, construite d'après les principes de Steinheil et perfectionnée, fournit des images absolument nettes; elle est formée de trois verres accolés qui donnent un achromatisme parfait en corrigeant absolument les aberrations de sphéricité.
Cette loupe est parfaitement établie, tant au point de vue de l'optique que de la monture.

Fig. 18.

...ubles pour collections élémentaires (fig. 19) de minéralogie, géologie, conchyliologie, avec étagère vitrée et 5 tiroirs. 30 »

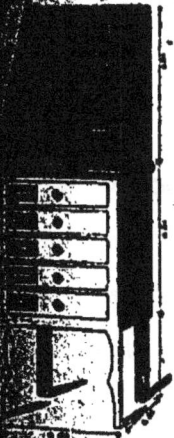

Fig. 19. Fig. 21. Fig. 20.

...ubles pour collections de minéralogie, géologie, conchyologie, etc., à tiroirs:

...uble en bois noir (fig. 20).

De 10 tiroirs........... 45 » | De 15 tiroirs.......... 65 »

...ubles en chêne et peuplier (fig. 21).

De 10 tiroirs.......... 100 » | De 20 tiroirs.......... 195 »
» 15 — .... 145 » | » 25 — .... 290 »

Marteau en acier pour minéralogistes et géologues.
Masse, carré aux extrémités... *qualité ordinaire* 1 50 1ᵉ *qualité* 2 25
Tranchant d'un côté, 275 gram. — 1 60 — 2 50
— — 500 — — 1 75 — 3 »
Pointu — 275 — — 1 60 — 2 75
Tranchant et pointu 275 — — 2 25 — 3 25

Mortier en agate avec pilon, pour minéralogistes.
De 28 à 35 millimètres de diamètre 3 50
36 à 42 — — .... 4 »
44 à 52 — — .... 6 »

Fig. 22.

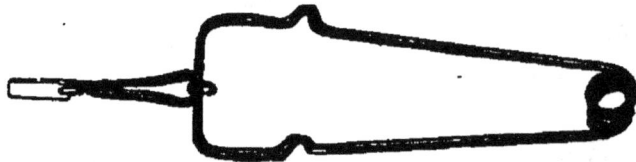

Fig. 23.

Pinces à bouts de platine, grand modèle .... 10 »
= — moyen modèle (fig. 22) .... 5 »
— — petit modèle (fig. 23) 2 50

Composition du sac de touriste pour la géologie et la minéralogie.

Deux marteaux de géologue.
Un ciseau à froid.
Un havre-sac en filet.
Un biloupe.
Une pince brucelle.
Sacs-récolte.
Deux séries de boîtes en carton.

Une boussole de 40 millimètres.
Un briquet acier.
Papier pour envelopper les échantillons.
Aimant de 9 centimètres avec contact.

Sac de touriste complet pour minéralogistes, géologues, garni de tous les instruments nécessaires .... 37 »
Thermomètres à maxima et à minima. Monture métallique guérite avec aimant............................ 9 5
Monture en bois avec aimant............................ 6
Thermomètre en glace pour fenêtres avec pattes en métal pour le fixer à l'extérieur.
De 0.25 long.......... 3 » | De 0.35 long.. 4

Thermomètres divisés sur la tige en verre.

```
De — 10° à + 150° à mercure.....................  4  »
   — 10° à + 250°    —      .....................  5  »
   — 10° à + 360°    —      .....................  8  »
   — 20° à +  60° à alcool   .....................  2 50
   — 50° à +  60°    —      .....................  3  »
```

Trousse de minéralogie comprenant les instruments nécessaires pour la détermination des roches et minéraux, dans une boîte en chêne poli et ciré avec poignée, charnières et fermeture en cuivre. Prix : 25 francs, 50 francs et........................... 100 fr.

Composition de la trousse de 25 francs.

1 chalumeau.
1 pince à bouts de platine.
1 fil et lame de platine.
1 mortier d'agate avec pilon.
2 verres de montre.

1 marteau de minéralogie.
1 aimant.
1 verre bleu.
4 tubes droits et courbes.
Le tout dans une boîte en chêne.

Composition de la trousse de 50 francs.

1 chalumeau.
1 pince à bouts de platine.
1 fil et lame de platine.
1 capsule de platine.
1 mortier d'agate avec pilon.
2 capsules en porcelaine.
2 verres de montre.

1 verre bleu.
1 barreau aimanté.
4 tubes droits et courbes.
1 marteau de minéralogie.
1 fraise à charbon.
1 tas en acier.
Le tout dans une boîte en chêne.

Dans une autre boîte se trouvent une lampe à alcool et trois flacons réactifs.

Composition de la trousse de 100 francs.

1 chalumeau Berzélius.
1 pince à bouts de platine.
1 fil et lame de platine.
1 cuiller de platine.
1 capsule de platine.
1 creuset.
1 mortier d'agate et pilon.
2 capsules de porcelaine.
2 verres de montre.
1 barreau aimanté.
2 marteaux de minéralogie.
1 fraise à charbon.

1 ciseau pointu.
1 — tranchant.
1 tas en acier.
1 briquet en acier.
1 lime.
1 pince en fer.
1 loupe.
5 verres bleus.
12 tubes courbes et droits.
12 coupelles Lebaillif.
6 tubes à produits.
Le tout dans une boîte en chêne.

Dans une autre boîte se trouvent une lampe à alcool et cinq flacons à réactifs.

Tubes à essais recourbés et ouverts des deux bouts pour essais au chalumeau. La pièce, 0 fr. 15; la douzaine................ 1 50

Tubes à essais droits et fermés d'un bout. La pièce 0 fr. 15; la douzaine.. 1 50

Pinces en bois pour tenir les tubes à essai, la pièce............ 0 75

LE NATURALISTE

REVUE ILLUSTRÉE DES SCIENCES NATURELLES

PARAISSANT LE 1er ET LE 15 DE CHAQUE MOIS

Paul GROULT, Secrétaire de la Rédaction

Bureaux à Paris, 46, rue du Bac.

ABONNEMENT ANNUEL

(Payable en un mandat-poste à l'ordre des Éditeurs)

France et Algérie..	10 francs
Pays compris dans l'Union postale............	11 —
Tous les autres pays.................	12 —
Prix du Numéro..................	**30 cent.**

LE NATURALISTE paraît deux fois par mois par livraison de 12 pages, quelquefois même de 16 pages, et avec une couverture imprimée.

Chaque année forme un beau volume in-4°.

Il publie des travaux de vulgarisation de savants spécialistes, avec un grand nombre de gravures.

LE NATURALISTE **insère gratuitement les offres ou les demandes d'échanges émanant de ses abonnés.**

Cette publication date de 1879.

Envoi gratis de spécimen sur demande adressée aux

BUREAUX DU JOURNAL

46, Rue du Bac, Paris

LES FILS D'ÉMILE DEYROLLE, ÉDITEURS

PARIS. — IMPRIMERIE F. LEVÉ, RUE CASSETTE, 17.

www.ingramcontent.com/pod-product-compliance
Lightning Source LLC
Chambersburg PA
CBHW070252200326
41518CB00010B/1766